その道のプロに聞く
ふつうじゃない 生きもの の 飼いかた

生きものカメラマン
松橋利光

大和書房

はじめに

　生きものとの出会いは突然だ。そのチャンスを逃せば、もう二度と出会えないかもしれない。目の前に子どもの頃から憧れの「あいつ」が現れた！　でも、つかまえても「入れるものを持ってないから」とあきらめる？　ペットショップでかわいい「あいつ」に出会ったけど「今は仕事が忙しいから」とあきらめる？　友達の家でふえた「あいつ」をくれるって言ってるのに「親が許さないから」とあきらめる？　お歳暮（せいぼ）で「あいつ」が届いたけど「飼いたい」なんて言いだせないからあきらめる？
　さまざまなシーンでの出会いも、理屈をくっつけてあきらめていては、いつになっても生きものなんて飼えないさ。

　仕事でも、恋愛でも、人生においてもっとも重要なのは、チャンスを逃さないことだ。成功者の多くは、目の前のチャンスを逃さない。そう！　チャンスをとらえて実現する力こそが、成功につながるのだ。
　では飼育にかぎっての成功者になるためには、どうすればいいか。それは「それなりの度胸」「それなりの決断力」「なかなかあきらめない心」。そして「実行力」だ！

生きものカメラマン　松橋利光

この本の使いかた

この本はさまざまな場面で出会うかもしれない生きものたちの飼育本です。
決してある種の飼育を詳しく掘り下げたものでも、
すべての生きものに対応しているものでもありません。
ただ、それぞれの出会いを大切にしてほしい、
飼うという選択肢もあるんだ、ということを伝えるための本です。

生きものを飼うなんて考えられない、という人なら

まずは、この本を最初から最後まですべて読んでみてください。この本を読んでも、飼育に興味が持てなかったら無理に生きものを飼う必要はありません。もしよろしければ、この本をいつでも手の届くところに置いて読み返してください。いつか興味がわいたときに、きっと役に立つはずです。そしてこの本を読んだことで生きものを飼いたいという心が芽生えた方は、それを記憶にとどめて生活してください。もしも「飼いたいあいつ」に出会ってしまったら、この本を読み返し、その生きものを飼ってみてください。心に芽生えた小さな飼育欲のお役に立てれば幸いです。

子どもの頃に
飼っていたけど
今は……という人なら

やはりこの本を最初から最後まで、すべて読んでみてください。もしも飼いたい生きものがのっていたら、それを積極的に飼育してみてはいかがでしょうか？　子どもの頃、つちかった飼育のカンをとりもどすのです。きっかけさえつかめば、この本にのっている生きものはもちろん、のっていない生きものだって、自分の経験や五感を使って飼育することができるようになるはずです。そして子どもといっしょにいろいろな生きものを飼う親になってくれたら幸いです。

生きものならなんだって
飼ってきたぜ、という人なら

まあそう言わず、やはりこの本を最初から最後まで読んでください。そして共感できる部分、できない部分を分析し、ご自分の飼育技術を再確認してもらえれば幸いです。

1 生きものカメラマン松橋はこう飼う！
授業に出てくる身近な生きもの 編

- 2 はじめに
- 4 この本の使いかた
- 10 道具いろいろ

メダカ ———————— 14
手間なし！ 初心者にはぴったり

アゲハチョウ ———————— 16
誕生の瞬間を見逃すな！

トノサマバッタ ———————— 20
大きくなると7cmだよ！

キリギリス ———————— 22
肉食だ！ 仲間を食べちゃう!?

カマキリ ———————— 24
目もいい！ こちらを見てるぞ！

ヤゴ ———————— 26
トンボになるときは午後8時から11時！

タイコウチ・ゲンゴロウ ———————— 30
水面におしりを出して息をする

ニホントカゲ ———————— 32
動きのスローな朝にゲットだぜ！

アオダイショウ ———————— 34
長いと180cm!? 全身筋肉のマッチョ

カタツムリ ———————— 36
からって意外とやわらかい！

ダンゴムシ ———————— 38
エサ代はほとんどなし？

ヒキガエル ———————— 40
ダンゴムシも食べるよ！ ジャンプより歩く専門

アマガエル ———————— 42
小さな体で大きな声、大きな口

オタマジャクシ ———————— 44
後ろ足が先にできる！

2 え!? こんなもの飼えるの 編

はちゅう類専門店オーナー山田はこう飼う!

サソリ ———— 48
背中に子どもをのせて子育てする!?

タランチュラ ———— 50
意外に温和で毒も弱め!?

エリマキトカゲ ———— 52
流行ってないけど生きてます!

カメレオン ———— 54
体の色の変化を見ちゃう!?

リクガメ ———— 56
タンポポ大好き 慣れたら一緒に散歩

ヒョウモントカゲモドキ ———— 58
色バリエーションも多数! 人気急上昇中

ベルツノガエル ———— 60
カエル界の王者! ネズミを丸のみ

ウーパールーパー ———— 62
名づけ親は総理大臣!

シロフクロウ ———— 64
魔法学校から出てきた!?

カマイタチ ———— 66

ツチノコ ———— 67

3 鳥羽水族館飼育トリオならこう飼う！
突然わが家に訪れた生きもの 編

イセエビ ——— 70
食べる前に飼って大きくする!?

アサリ ——— 76
スーパーで買っても飼えるよ！

マアジ・サザエ ——— 78
水槽を泳ぐ活魚だってペットに！

海水水槽で気をつけること ——— 79

タコ ——— 80
頭もいい、目もいい！ 人のマネもするぞ

ヒトデ ——— 82
まるで絵画のようなビジュアルなのに、ラクチン

イソギンチャク ——— 84
グラスでも飼えるサバイバル根性

クラゲ ——— 86
黒いバックを貼ると幻想的！

ウミウシ ——— 90
もはや芸術品！ でもエサが難しい……

カラッパ ——— 92
よく見ると本当にかわいい！ 箱みたいだけど(笑)

水族館で見かけた ヘンなカニ コレクション ——— 94

クリオネ ——— 96
通販でポチッと買える！ しかもカンタン飼育！

総合ペットショップオーナー後藤はこう飼う！
友達からのおすそわけ 編

ハムスター ——————— *100*
まるでぬいぐるみ！

モルモット ——————— *102*
深さ30cmあれば衣装ケースで飼える！

デグー ——————— *103*
歯が白いと病気？ 黄色いと健康

ハリネズミ ——————— *104*
ハリを出さないときはただのネズミ……

金魚 ——————— *106*
金魚すくいの金魚をすくえ！

アメリカザリガニ ——————— *108*
だれもが飼ったことのある子どものアイドル

サワガニ ——————— *109*
少年の頃を思い出す生きものさ

クサガメ ——————— *110*
動きはのろいが、頭はいいぞ！

クワガタ・カブトムシ ——————— *112*
永遠の男子のあこがれ！

セキセイインコ ——————— *114*
挿しエサが終わってからが安心！

ウズラの卵 ——————— *116*
スーパーで買った卵を孵化させよう

ウズラのヒナ ——————— *118*
すぐにグングン大きく育つ

120 おわりに
123 その道のプロたちのお店

道具いろいろ

飼育に必要な道具は、飼う生きものでさまざま。
ペットショップやホームセンターで
飼う生きものを伝えて、相談しよう！

プラケース

いろいろな大きさや深さのものがあってどの生きものの飼育にも適している万能飼育ケース。

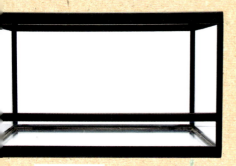

衣装ケース

プラケースでは大きさが足りない場合などに便利。バーベキュー網などでフタを工夫する必要がある。

専用ケース

はちゅう類用水槽、ウサギ用、ハムスター用、インコ用、さまざまな専用飼育ケースが売られているので、その生きものにあったものをチョイスする。

水槽セット

水槽とフィルター。カルキ抜きやエサなどすべてがセットされており、これさえあれば飼える。熱帯魚用にはヒーターがセットされているものもあるので、飼育する生きものに合わせてえらぶ。

保温球

赤や黒、セラミックなど色々なものがある。サーモスタットにつないで温度管理する。

サーモスタット

ヒーターをつないで温度管理をする道具。

パネルヒーター

飼育ケースの下にしくタイプの保温器。

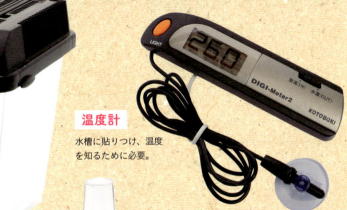

温度計
水槽に貼りつけ、温度を知るために必要。

ファン
水槽の温度が上がりすぎたときに水面に当てると少し水温を下げることができる。

外掛けフィルター
外掛けなので水槽を広く使えて、ろ過面積も広いので便利。

投げ込み式フィルター
水槽に投げ込むだけの簡単フィルター。エアーポンプにつないで使用する。

シェルター
生きものの隠れ家になる。いろいろなものが出ているので、好みと生きものにあったものをチョイス。

床材
底面にしく材料。飼育する生きものに合わせて選ぶ。

ポータブル冷蔵庫
冷蔵庫で飼育するクリオネなどに便利。これなら家族にも反対されない。

専用フード
さまざまな生きもの別に専用のフードがそろっている。

1

生きものカメラマン
松橋 はこう飼う！

授業に出てくる身近な生きもの編

Profile
松橋利光

水族館勤務ののち、生きものカメラマンに転身。水辺の生きものなど、野生生物や水族館、動物園の生きもの、変わったペット動物などを撮影し、おもに児童書を作っている。

授業でもいろいろな生きものが登場するし
教室で飼育してみたりもする。
それに街中でも生きものとは遭遇しているはずなのに、
今の小学生って、それをつかまえて
自分で飼ってみようっていう子は少ないよね。
授業でせっかく生きもののことを学んだって、
自分でやってみなきゃ、何も身についてやしないさ。
自分の力で飼育してみて初めてわかることや
学ぶことがあるはずなんだ。
生きものを飼育し、はじめてエサを食べたときの喜びや、
うまく飼えずに死なせてしまったときの悲しみ、
そんな小さな命を通した経験が自然環境の大切さや
命の尊さを本当の意味で実感し、
子どもたちの心を育むんじゃないのかな？
でも確かに生きものを飼育するのには、
いろいろな壁を乗り越える必要があるのも事実。
そんなときはこの本を参考にして、
「メダカの授業でふえたメダカを
自宅で飼う人は持って帰っていいですよ」
「授業でアゲハチョウの観察をします。
つかまえてこれる人はいませんか？」
なんていう場面で元気に手をあげて、
活躍できるようになってくれたら、うれしいのです。

授業に出てくる身近な生きもの

メダカ

手間なし！ 初心者にはぴったり

授業でヒメダカを飼育、観察した。クラスに数名いる生きもの好き男子は大活躍。無事に卵も産んで、各班で観察したリポートも作成！ 発表も大成功だった。

でも、私は生きもの好き男子に押され気味で、なんだかあまり興味が持てなくて、結局、自分では何もしなかった。みんなが言うとおりにマネしただけ……。

幼稚園の頃、田舎のおばあちゃんに連れて行ってもらった小川でメダカつかまえたりしたのにな〜。と、思い出にひたっていると、「ふえたメダカを飼いたい人は持って帰っていいですよ。持って帰りたい人はいますか？」と、担任の先生の声。

そのとき思わず反応して手をあげてしまったんです。あわてて手を引っ込めたけど、時すでに遅し。

引っ込み思案で目立つことが嫌いな私が手をあげていることに周囲はおどろいて、どうぞどうぞ状態。まさか私がメダカを連れて帰ることになるとは……。お母さんもきっとおどろくだろうな。

さぁ、どうしよう。

> 群れで泳ぐよ

> 目が上についてるからメダカって名前がついたんだって！

DATA

体長 4cmくらい
ヒメダカはペット用に改良された元祖ペットメダカ。今はいろいろな色（品種）のメダカが作られている

> カルキ抜きについて

水道水には殺菌用の塩素が入っていてそのままでは魚の飼育に使えません。その塩素を中和してやる必要があるのです。急ぐときは市販のカルキぬき剤を入れます。水換え用など時間に余裕があるようなら、バケツに水をくみ、丸1日放置しておけば、塩素は抜けます。

How to keep

エアーポンプにつないで使う投げ込み式フィルター

水草って使える！
水草を入れると水質安定にもメダカの隠れ家にもなっていい

飾りじゃないのよ砂利は
砂利はなくてもいいけどしいたほうがメダカが安心する

エサはこれ！
口が上向きで小さいので大きな餌は残したりばらけさせてしまいやすいので、メダカ専用のものを与えます。

目が大きくてかわいいよ！

飼いかた

水の交換は半分ずつ

用意するものはプラケースと投げ込み式のフィルター、そしてエアーポンプです。
水槽にカルキ抜きした水を張ったら、エアーポンプにつないだ投げ込み式のフィルターを投入し、少しの時間、水をならします。そのままでも飼育できますが、そこに砂利や流木、水草を入れるとメダカも落ち着けてさらに良いでしょう。持ってきたメダカをビニール袋ごと浮かべ水温があったら、少しずつ水を混ぜるようにして水槽にメダカを泳がせます。
フィルターを回しているので頻繁に水を変える必要はありませんが、1ヵ月に1度くらいのペースで半分くらいの水を交換します。水換えとはずしてフィルターも汚れてきたら掃除しましょう。

授業に出てくる身近な生きもの

アゲハチョウ

誕生の瞬間を見逃すな！

授業でアゲハチョウの幼虫を飼育して観察するらしい。ふだんから生きもの好きで通っているボクにみんなの期待がかかる。でもアゲハの幼虫なんて見たことがないよ……。親のアゲハチョウは近所の畑でよく見るから、とりあえず見に行ってみよう。

畑の手入れをしているおじさんがいたので、「この辺でアゲハチョウの幼虫見ませんか？」と聞いてみる。

「あー、ごめん、うちのサンショウの木にいっぱいいて葉っぱ食べちゃうから、きのう薬まいちゃったよ。もういないと思うな〜」

「えぇぇー」とショックを受けているぼくにおじさんは、「ミカンとかサンショウの木に卵を産みにくるから、お母さんに頼んでミカンの苗でも買ってもらいなよ。たぶんすぐ卵、産みにくるから」

本当かな？　家に帰って図鑑を開いてみると、おじさんの言っていたことはどうやら本当だ。早速お母さんに、授業で使うことを説明しなんとか説得に成功。ミカンの苗を買ってもらう……イッヒッヒ。たのしみたのしみ。

口吻(こうふん)を伸ばして吸蜜する

羽の鱗粉(りんぷん)が水を弾くからちょっとの雨なら飛べる

DATA

体長　成虫が羽を広げると10㎝以上。幼虫は終齢で4㎝以上になる。ナミアゲハは春と夏の2回発生する

観察テーマ 11
産卵のポーズって？

まずはキアゲハやナミアゲハの成虫がアゲハ類が卵をうみつけに来るところを観察し、飛びながら細長いアゲハ類の葉をちょんちょんとつつくような動きをしている、それが産卵だ。

観察テーマ 12
小さな小さな卵！

卵を確認したくにも慎重に葉を傷つけないように、大きく動かされる。たくさん見つけられましょう。ある1枚の葉に1つだけうみつけられるからだ。

観察テーマ 13
はじめは黒のソーセージみたいな色

ここから1ヵ月から1ヵ月半。幼虫は葉っぱを食べてぐんぐん大きくなる。

観察テーマ 14
終わるとサナギ！

大きくなって模様に近づき、これから蛹化は、緑色の体や木から離れた別の場所を見つけて蛹化するのを観察しよう。

卵はどこにあるかな？

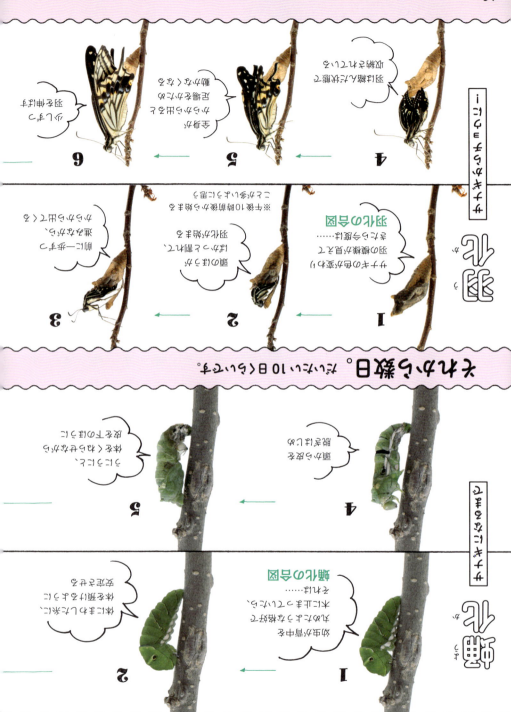

授業に出てくる身近な生きもの

トノサマバッタ

大きくなると7cmだよ！

飼いかた

プラケースは大きめを

大きめのプラケースに、庭などの黒土をしきつめる。トノサマバッタは土にお尻をさして産卵するので土はあつめ、水飲みとして小さな水受けをおき、湿らせたミズゴケなどを入れておく。エサはイネ科の植物を食べるので、ガラス瓶に水を張って、そこに取ってきた植物をさしておけば、エサにも隠れ場所にもなるよ。

上がオスで5cmくらい

水飲み用に、ビチョビチョに湿らせたミズゴケ

下がメスで7cmくらい

DATA
体長 5〜7cm オスよりもメスが大きくて 夏に河原などにいる。ジャンプ力は身近なバッタでは最強

今日は校外活動で裏山探検。裏山といっても、ちょっとした丘程度の山で、放置された草むらが魅力的な場所だ。でも、学校からも親からも、ふだんあまり人が立ち入らない危険地帯とされている。大手をふるって入れる数少ないチャンスなんだ。

ぼくは朝からはりきって、虫とり網とプラケースを抱え、登校班に並び、みんなから失笑をかう。でもそんなことは気にしない。ぼくは本気なんだぜ〜。

一応「つかまえたい人はプラケースを持ってきてもいい」と許しは出ているけど、本来の目的は花

ビンに草を
ビンに水を入れて、エサの草を入れる。食べ散らかしたり、枯れたら入れ替えよう

How to keep

土はあつめに
土はあつめにしいて、ときどき霧吹きなどで適度に湿らせる

エサは？
エサは主にイネ科の草。ひょろっとした雑草を入れておけば食べる。

ショウリョウバッタ

ショウリョウバッタのメスは8cm以上ある！

このセットがあれば大抵のバッタは飼える。トノサマバッタの成虫は秋には全て死に卵で越冬するので成虫が死んだ後も、プラケースの土にときどき霧吹きしてそのままにしておけば、春には幼虫が誕生するかもしれません。よく見るショウリョウバッタも同じ飼いかたで飼えます。

や生きものの観察で、学校の裏の山には何がいたか？ 何が咲いていたか？ などを班ごとにスケッチしたりメモしたりして、まとめて来週の授業で発表しなくてはならない。

でも、そんなことは知ったことじゃない。とにかくでっかいバッタをつかまえるんだ。

う〜ん。それにしても女子はうるさい。「背中に虫がついたからとってくれ」だとか「真面目にやれ」だとか「メモとれ」だとか。

だってつかまえるとき、ジャマになると思って、メモおいてきたんだもん……。

> 授業に出てくる身近な生きもの

キリギリス

肉食だ！ 仲間を食べちゃう!?

DATA
体長　3.5cmくらい
足が長いからつい足を持ってしまうと取れる。そしてとにかく噛む。気をつけよう

飼いかた

ほぼ噛む！そして痛い!!

プラケースに鈴虫用の床材「鈴虫マット」をしき雑草などを適当に刺し、止まり場所を作る。きゅうりなどを食べることで水分補給はほぼまかなえるけど、ときどき霧吹きをして湿度を保つようにします。共食いをする可能性もあるので、あまり入れすぎないのがコツです。

地 面にいるトノサマバッタはひたすら追いかけて着地点を確認して網を振るえば、なんとかつかまえられるけど、草の上にいるキリギリスはちょっとつかまえにくい。

班での活動ではみんな無神経にどんどん近づいちゃうからキリギリスだって警戒してしまって、やはりつかまえるのは無理かな？　と思ったとき、女子の悲鳴が！「キャー。でっかいバッタが飛びついてきた〜」

「とって〜」と半べそ状態だ。笑いながらよく見ると……。お！　キリギリス。

ぼくはあわてて素手でつかんでしまう。うわぁ、噛みつかれた！　痛ててててて。でも絶対にはなさいぞ。つれて帰って飼うんだ！　と執念でプラケースに収める。

さっきつかまえたトノサマバッタや種類のわからない小さなバッタと一緒に飼えるかな？　と楽しみに持ち帰る。

家についてプラケースをのぞくと、なんとキリギリスが小さなバッタを食べちゃってる!!!

キリギリスが肉食だったなんて知らなかったよ……。

ごめんな、小さなバッタ。

> ジャンプ力もあってつかまえにくい

> 草の上などにとまるので足先は吸盤のようにくっつく

How to keep

土は？
土は黒土や昆虫マットを混ぜたもの

エサは？
肉食傾向の強い雑食性なので小皿に煮干やしらすなどを入れて、きゅうりなど水分の多い野菜を串に刺しておく。

水分はこれで
エサのきゅうりを刺しておく

肉食傾向が強いのでめざしやじゃこなどを皿に入れておく

キリギリスの仲間のヤブキリやウマオイも肉食傾向が強いから、持ち帰るときは1匹で！

持ち帰るときは1匹で！

牙は大きくないけど噛まれるとかなり痛い

23

授業に出てくる身近な生きもの

カマキリ

目もいい！ こちらを見てるぞ！

カマを振り上げていかくする

DATA
体長 8cmくらい
夏の終わり頃、立派な成虫になると無敵。ハリガネムシには弱い

目も良くこちらの動きに素早く対応して動きも俊敏

持ちかた
持つときはこの細いボディーを後ろから

草むらのチンピラ、カマキリ……今までなんども挑んできたけど、ぼくの全敗なんだ。なんとか攻撃をかわしてつかんでも、カマで攻撃されて噛みつかれて、つい手を離してしまう。

　毎回同じ負けかたをしてきたけど、ぼくももう3年生だ。今年はうまくつかまえてプラケースに入れてやるんだ。もちろんいる場所は知っている。毎年そうさ、夏が終わる頃に帰り道の公園に大きなカマキリが現れるんだ。

　小さいのをつかまえたって意味がない。男として正々堂々、大きいのに挑んで勝ちたいんだ。

飼いかた

地に足がつかないタイプ

カマキリは地面にはあまり降りないので土をしかずに、キッチンペーパーをしき、汚れたら交換します。カマキリがつかまったり隠れたりできるように、鉢植えにイネ科の植物などを植えたものを入れるとよいでしょう。水分補給用に小皿にピチョピチョに湿らせたキッチンペーパーを入れておくと水を飲みます。

エサは？
昆虫なので、できるだけ毎日バッタやガなどをつかまえて入れてやりましょう。季節によってはトンボなどもつかまえやすいのでオススメです。

How to keep

お母さんヘルプ！
キッチンペーパーをしき、汚れたらすぐ交換する

水飲み場
水飲み用にティッシュや水苔を湿らせたものを皿にのせておく

草むらイメージ！
草の間などに隠れるので植物を配置するとおちつく

授業に出てくる身近な生きもの

ヤゴ

トンボになるときは午後8時から11時！

も うすぐ夏！ プールの授業が始まる前に6年生でプール掃除をしなきゃならない。緑色で汚いプールの水を抜き、「きたねー」とか「くせー」とか、ブーブー言いながら、さていよいよ掃除と思ったとき〜。

ヤゴを見つけたよ！ よく見るとたくさんいる！

実は去年の6年生に聞いたことがあったんだ。

「プール掃除は汚くてイヤだけど実は生きもの好きにとっては宝の山なんだぜ」と。もちろん先輩のご意見を生かして用意してきましたよ、ポケットにビニール袋。

数名の友達にも「大きいやつだけでいいから、見つけたら全部持ってきて」と頼み、掃除をしながら手際よく、ヤゴをビニールにしまう。

先生にばれないようにと思っていたのだが、どうやら先生は知っていたようす。「そろそろ塩素まいていいか〜」と大声で採集の終わりを知らせてくれた。

教室に戻って急いでプラケースに移すと、4種類ぐらいいる〜。

どんなトンボになるか楽しみだな。

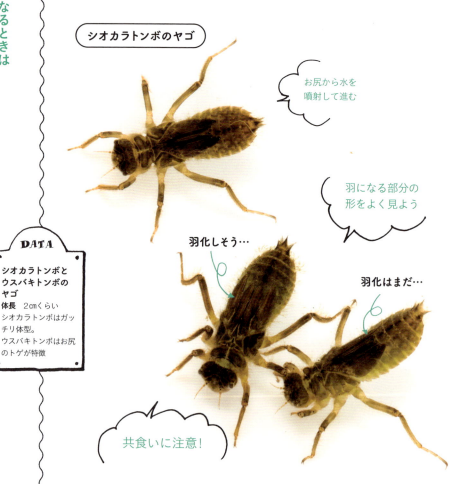

シオカラトンボのヤゴ

お尻から水を噴射して進む

羽になる部分の形をよく見よう

羽化しそう…

羽化はまだ…

共食いに注意！

DATA
シオカラトンボとウスバキトンボのヤゴ
体長 2cmくらい
シオカラトンボはガッチリ体型。
ウスバキトンボはお尻のトゲが特徴

エアーポンプ — 投げ込み式のフィルターにつなぐ

エサは？
飼育を始めるのは簡単だけど実は少し厄介なのがエサ。エサはボウフラや赤虫など小さめの水生昆虫、メダカなども食べる。あまり大きすぎないものを与える。近所に田んぼなどがあればすくいに行けばいいけど、そうでない場合はペットショップに相談してみよう。

投げ込み式フィルター — 汚れたら、すぐ掃除しよう！

止まり木 — 羽化のとき登る

浮き草など — 隠れたり、つかまったりするので多めに入れる

同じくらいの大きさのメダカも食べちゃうぞ！

水は半分くらいまで入れよう

How to keep

羽化が始まる合図!!

羽化しないヤゴ — まだ離れていない
羽化するヤゴ — だんだん4つに離れていくよ
羽になる部分

羽になる部分の形が変化します。右のようにひし形状で一体になっていたものが独立して4つに離れてくるのです。こうなったら数日で羽化するので目を光らせます。多くの場合**午後8時から11時**にはわりばしにつかまって水面から出るので、そのまま薄明かりで静かに観察を続けましょう。

飼いかた
わりばしを用意して場所をつくる

プラケースの半分くらい水を張って投げ込み式のフィルターを回す。
プール掃除でつかまえたヤゴは、おそらくウスバキトンボかシオカラトンボで、ちょうど羽化する時期でもあるので、エサをやるまでもなく羽化してしまうかもしれません。剣山にわりばしなどを刺して、水面から出し、羽化するための場所を作っておきます。

ヤゴの羽化

夕方頃から木を登るようなしぐさをはじめたら、徹夜覚悟で観察スタート！

1 夜8時から…

木を登りはじめる夜8時頃から、はじめることが多い

2

登ってからしばらくすると、背中を破って出てくる

 3

全身が出ると、羽が広がりはじめる

 4

羽が伸びきると、次は腹部

ほかにも……

 超レア!!

見つけたら超ラッキー！ **オニヤンマ** 体長 4cmくらい
毛深くてデカいぞ！

都心にもいるかも!? **ギンヤンマ** 体長 3.5cmくらい
こいつなら見られるぞ！

授業に出てくる身近な生きもの

タイコウチ・ゲンゴロウ

水面におしりを出して息をする

おしりの管を水面に出して呼吸する

カマが恐い!?

カマで獲物を捕獲

DATA
体長 3.5cmくらい
カマでしっかり小魚を捕まえて体液を吸う

おしりを水面に出して呼吸する

オールのような後ろ足。泳ぎは得意!

DATA
体長 1.5cmくらい
今や希少なゲンゴロウだけど、不意に田んぼや水たまりでも見ることがある

ぼくは運がいい。まさかやつらに会えるなんて。「プール掃除はヤゴだけじゃない」とは聞いていたけど、タイコウチがいるとは思いもしなかった。それにシマゲンゴロウまでいるとは……。もう授業なんて上の空だよ。

ほかにも……

ミズカマキリ

30

タイコウチの飼いかた

けっこう肉食！

プラケースに砂利をしき、少し水面から上の空間ができる程度に水を張ったら、投げ込み式フィルターを回し、つかまりやすそうな水生植物（なければわりばしでもOK）を間をあけて刺しておく。

エサは？
メダカなどの小魚で一緒に泳がせておけば自らつかまえて食べます。

How to keep

投げ込み式フィルター

砂利に植物をさし止まり場所を作る

ゲンゴロウの飼いかた

スーパーの魚の切り身を食べる

プラケースに砂利をしき投げ込み式フィルターをセットする。つかまったり隠れ家になるような流木などを入れておこう。

エサは？
魚の切り身や観賞魚用のえびを乾燥させたエサなどを毎日与える

なるべく自然に
流木や水草でつかまったり隠れたりできる場所を作る

How to keep

投げ込み式フィルター
エアレーションは気持ち弱めに

マツモムシ　　ガムシ　　コガムシ

31

授業に出てくる身近な生きもの

ニホントカゲ

動きのスローな朝にゲットだぜ！

うちから徒歩10分の通学路。ぼくは登校班の班長として、6人の下級生を連れ、毎朝学校までの道をのんびり歩く。昨日のことをいっぱい話してくる1年生もかわいいし、5年生の副班長も頼りになる。何も問題ない。でも1つ、気になっていることがある。

ある路地を曲がるとガサッと何かの気配を感じるんだ。下級生に危険があってはいけないと思い、警戒するが、いつも何もいない。この姿の見えない敵におびえる朝が続いてる……。

でも、その不安はあっさりと解決することになる。遠足があって1人で登校しなきゃいけない朝。その路地を曲がると、そこにはかわいい顔のトカゲが、陽だまりで温まっているではないか。いつもより少し早いから、まだ体が温まっていないのか？　それとも1人で静かに近寄ったから気づいていないのか？　逃げる気配がない！

気づいたときには必死でつかまえてしまっていた。

これから遠足なのに、つかまえてどうするんだ……。でも、もうこんなチャンスはないかもしれない。リュックの外ポケットに入っていたエチケット袋とポケットティッシュを別のポケットにうつして、そっとポケットに収まってもらうことにした。今日は1日トカゲと一緒に遠足だ。

ポケットをつぶさないように気をつけなきゃね〜(嬉)

※暗いとトカゲはあまり動かず、寝てしまうので問題ないのです

飼いかた

ごちゃごちゃしてたほうがいいぞ！

プラケースに昆虫マットか庭の土をしいて、すみっこに水入れを設置したら、カブトムシ飼育用の止まり木などを重ね、隠れ場所を作ります。ごちゃごちゃたくさん入れたほうがトカゲが安心します。このセットでトカゲでもカナヘビでも飼えます。

> 陽だまりで体を温めて1日が始まる

> すぐに隠れられる場所にいることが多い

DATA
体長　20cmくらい
素早さは天下一品！
朝一番が狙いどき

How to keep

まるで自然そのもの…
土の上に庭の雑草などを配置し、自然っぽいレイアウト

かくれ場所をつくって
昆虫用のとまり木などを積み上げシェルターを作る

水入れ
水は欠かさずキレイに保つ

エサは？
エサは昆虫ですが、たくさん食べるので、毎日与えます。つかまえることができなければ最近はエサ用のコオロギをあつかうペットショップも多いので、近所で探してみましょう。どうしてもエサに困ったら、鳥のエサとしてホームセンターなどどこでも売っているミルワームでも代用できます。栄養が少なく消化も悪いと言われているので長く続けるのは避けましょう。カナヘビも同じように飼育できますよ。

前足が手みたいでかわいい

つかまえるときは首から前足のつけ根を狙う。

つかまえるときは自切に注意!!

尻尾は危険を感じると自分で切ってしまうので、注意！

カナヘビ

日光浴は必要だけど、必ず日かげになる場所をつくる

授業に出てくる身近な生きもの

アオダイショウ

長いと180㎝!?全身筋肉のマッチョ

まるでお風呂！
全身が浸かれるくらいの水入れ

How to keep

DATA
体長　180㎝くらい
基本おとなしいヘビだけど、いざとなれば噛みつくから油断してはいけない

　うちの嫁はヘビ年でヘビに妙な親近感を抱いているようだ。ふざけて「ヘビ飼いたいな〜」なんていうこともあるけど、でもなんとなく本気じゃない様子だったから笑って「ムリムリ」と流していた。
　そんなある日、近所の公園をお散歩しているとアオダイショウに遭遇してしまう。「こんなところにもヘビいるんだね」とニヤニヤする嫁……。そこからはヘビをつかまえる嫁の姿が、まるでスローモーションのように見えたっけ。つかまえたヘビを両手に持って「このヘビ飼ってもいい？」と嬉しそうな嫁。やっぱり本当に飼いたかったのか。しかたないね……ただし逃さないようにね！ こんな笑顔を見せられたらダメとは言えないよ〜（笑）

木の上を見たらいた!?なんてことも…!

枝は脱皮に必要

立体的にも動けたり脱皮のときの引っ掛かりになるので枝を入れる

シェルターは狭めが好み

エサは？

カエルやネズミを食べるので、田んぼで捕まえてきたカエルや、ペットショップで売っているエサ用のマウスを、週に1度与える。

飼いかた

清潔好きで脱走がうまい！

がんじょうなプラケースにキッチンペーパーか新聞紙をしき、水入れとシェルター、脱皮のときに引っかかりになるような枝も入れておくといいでしょう。

ヘビは脱走名人なので、フタ全体をしっかりバンドで閉め脱走を防ぎます。脱皮前など全身を水に浸かるときがあるので、水入れは全身が入れるような大きさにします。中でフンをしてしまうことも多いので、すぐに取り除き、水はいつも清潔にしておきましょう。ヘビは清潔好きなので下に引いたキッチンペーパーも汚れたらすぐに取り替えます。掃除はヘビを別のプラケースに移してから行います。仮に入れるプラケースにもバンドを忘れないようにしましょう。

さわりごこちはさらっとしてすべすべ全身筋肉のマッチョ

バンド！

気をつけろ！

とぐろを巻いているときは噛みつく準備ができていると思ってよし！

脱走を防ぐバンドを忘れるな！

授業に出てくる身近な生きもの

カタツムリ

からって意外とやわらかい！

目はあまりよくない

意外にも！？ からはやわらかくてすぐ割れるので扱いには注意

よく見るとやっぱりちょっと……(>o<)

ヌメヌメの跡を残しながらゆっくり進む

DATA
体長 4cmくらい
雨の日にたくさん見るけど、晴れているときは葉の裏などに隠れている

雨の日のドライブ。信号待ちで前の車に、かわいいカタツムリのシールを見つけた。息子に「見て！ カタツムリのシール貼ってるね」なんて話をしていると、ん？ なんか動いてない？ 本物だ！

想像力豊かな私は、車が走っているときに、耐えられなくなったカタツムリが道に落っこちて、後ろから走る私がひいてしまうんじゃないか？ 急に晴れたら焼け死ぬんじゃないか？ このまま気づかれずに洗車機に入っちゃったら!? といろいろな未来が頭を支配する。

そんなとき、ちょうど前の車が踏切につかまったので、ギアをPに入れサイドブレーキを引き、急いで駆け寄って事情を説明。そのカタツムリをいただくことに。

息子のオムツを捨てる用にビニール袋をいつも落ち歩いていてよかった。ビニールにカタツムリを入れて、ふくらますように口を閉じ、さあ出発！

飼いかた
こう見えてきれい好き！？

カタツムリは湿度が高いほうがいいので、プラケースに軽く湿らせたミズゴケをしきつめ、エサ入れ用の大きな皿と小さな皿を配置する。ミズゴケは片手でぎゅっとしぼったくらいの湿り具合がちょうどいいです。
湿度が高いぶん、清潔に保たないとフンやエサの残りからすぐにカビなどが発生するので、週に1回ぐらいすべてをキレイに水洗いしましょう。

見て！エサと同じ色のウンチ

キャベツ食べたら **みどりのウンチ**

にんじん食べたら **オレンジのウンチ**

カタツムリは食べたものの色そのままのフンをします。いろいろな色の野菜をあげるとおもしろいよ！

How to keep

エサは？
大きな皿にはキャベツやニンジンといったメインのエサを入れ、小さいほうにはからの形成に必要なカルシウム補給のため、卵のからを入れておく。

卵のからで栄養補給

かたくしぼったミズゴケは清潔に保ち、乾かないようにときどき霧吹きする

エサは毎日交換

授業に出てくる身近な生きもの

ダンゴムシ

エサ代はほとんどなし?

これはワラジムシ

これもワラジムシ

背の丸いのはダンゴムシ。平べったいのはワラジムシ。

DATA
体長 1cmくらい
コンクリートでひっくり返っていると、戻れない可能性があるので積極的に助ける

息子はダンゴムシが大好き。もはや友達といってもいいくらいです。いつも幼稚園の帰りに、たくさんのダンゴムシを握りしめて離さないので、園庭で一悶着……。なんとか説得し、元いた場所に逃がして帰ってくるといった毎日でした。

ある晩、洗濯しようと息子のズボンを探っていると、ポケットに小石がいっぱい。「もーしょうがないな」とポケットをひっくり返すと、「はぁ〜、ダンゴムシじゃんか」やっぱりな。

マンションの4階で、逃がす場所もないし、ダンナも息子もぐっすり眠っていて、こんな夜中に1人でダンゴムシ逃しに出かけるのもいやだなぁ。

しょうがないから、いちごが入っていたパックにキッチンペーパーをしいてダンゴムシを入れ、ラップをかけて、おいておくことにしたんです。

朝。息子がいちごのパックに入ったダンゴムシを見つけて「飼っていいの?」と大喜び! ダンナも、「じゃ、帰りにプラケース買ってきてやるな」と盛り上がってる。

まったく男って……。

少し揺するとびっくりして丸まります

危険を感じるとぎゅっと丸まる

おなかの膜の中で卵を孵す

白いのは赤ちゃんダンゴムシ

50匹以上生まれるよ

下がやわらかい土やおち葉なら、ふんでもつぶれない……はず！

持ちかた

手のひらで転がすか指先を自由に歩かせる

飼いかた

ときどき湿らせて

プラケースに腐葉土や昆虫飼育用のマットをしき、その上には落ち葉を多めにいれ、クワガタの産卵用に売っている朽木を数本入れると、その下に隠れます。
乾燥してしまわないようにときどき霧吹きで土を湿らせます。ダンゴムシはあまりぬれることを好まないので、霧吹きの水が直接当たらないように気をつけましょう。ダンゴムシが食べて落ち葉が減ってきたら落ち葉を追加します。土は定期的に入れ替える必要はありませんが、野菜などを与えると土が汚れるので、いやなにおいがしたり、カビが発生したりしたら土ごと入れ替えましょう。

エサは？
エサは落ち葉やキャベツ、ニンジン、煮干しなど。金魚のエサなども食べる。

How to keep

木の下にいるよ
木を積み上げると、その下や間に隠れる

落ち葉はエサ
落ち葉は隠れ場所にも、エサにもなる

土は少し湿らせておく

授業に出てくる
身近な生きもの

ヒキガエル

ダンゴムシも食べるよ！
ジャンプより歩く専門

水分補給所
ひちょびちょに湿らせたミズゴケ

地面
昆虫マットや土をしき、乾燥させておく

How to keep

エサは？

生きたムシ。ワラジムシでもダンゴムシでもミミズでもなんでも食べる。エサはたくさん食べるので採集でまかないきれないときのためにも、やはりペットショップでコオロギを売っているところを探しておこう。

飼いかた

カエルはおなかで水を飲む!?

しっかりフタのできるプラケースに土か昆虫マットをしき、水入れとしっかり全身が入るシェルターをおく。今回は植木鉢を半分に切ったものを入れたけど、ペットコーナーで売っているふつうシェルターで大丈夫。ヒキガエルは繁殖期以外、自ら泳ぐことはほとんどなく、森林などに暮らすので、土はあまり湿らないように注意する。カエルは口から水を飲むのではなくおなかで水分を吸収するので水をたっぷり入れた水飲み場を作る必要はない。水入れにはビチョビチョに湿らせたミズゴケを入れて。

DATA

体長 10〜15cm
3月から4月の繁殖期や梅雨の時期によく出会うでっかいカエル

プチ田舎生活。電車の便はいいし、高速のインターチェンジも近い。きれいな新居が立ち並ぶ、この田舎の新興住宅地に引っ越してきて間もなく1年になる。プチ田舎ならではの大型ショッピングモールもホームセンターも近く、住み心地はなかなかだ。不満は何もない。

でも、それは突然おこった……。

ある雨の夜、いつものように車で家路を急ぐ。すると、住宅地に入ったあたりから道路に何かいる。うちに近づくにつれ、その握りこぶし大の生きものの数が増えている。何が起きたんだ？　わが家は大丈夫か？　車を降りてその生物の正体を探ると、なんと大きなカエルではないか。今まで約1年、1匹も見たことがなかった大きなカエルが今は驚くほどの数で道路を占拠している。わが家の庭にも玄関にも、たくさんいる。何が起こっているんだ？　カエルを避けながら玄関を入り、あわててドアを閉める。

「はぁはぁはぁはぁ……」

「どうしたの？　顔が真っ青だよ」と妻。

「大変なことが起こってるんだ。外を見てみなよ」

「あぁ、これ？」指差すほうを見ると、大きなプラケースに、その妖怪のようなカエルが座っている。

「この辺はちょっと前まで田んぼだったからヒキガエルが産卵に戻ってきちゃうんだって。子どもたちは大喜びでつかまえてきて飼うんだってさ」

あぁ、そうでしたか……。なんだったんだあのドキドキは。

まるで妖怪！

大きな口に似合わず小さめの虫が好き

歩く専門でジャンプ力はあまりない

授業に出てくる身近な生きもの

アマガエル

小さな体で大きな声、大きな口

飼いかた

バッタもクモも なんでもたくさん食べる

プラケの底にミズゴケをしきつめたら水入れをおき、カエルが安心して隠れたり動いたりできるように、小さめの水に強い観葉植物（ハイドロカルチャーなど）を植える。そこにしいたミズゴケはぎゅっとしぼった渇き気味の状態にして、水入れにはビチョビチョにしたミズゴケを入れておく。こうしておくとカエルがおなかをつけて水分補給しやすいのと、エサのコウロギが水におぼれたりもしないのでいい。

> 体に似合わず大きな口で大きなものも食べるよ

> 指先のきゅうばんでどこでも登れる

DATA

体長 3cmくらい

昼間でもよく見るかわいいカエル。太陽が出ているときは、草の上で体を小さくまとめて、じっと乾燥しないようにしている

エサは？

バッタやチョウ、クモやハエなどの昆虫。たくさん食べるので、毎日与える。採集で足りない場合はペットショップのコオロギを与える。釣具屋のエサ用ミミズや小鳥のエサミルワームでも代用できるけど栄養の面からも長く与え続けないようにしよう。

給水所
ミズゴケをビチャビチョに湿らせてくとおなかをつけて水分を補給する

How to keep

隠れ場所にも止まり場所にもなるので植物を入れる

ぎゅっとしぼったくらいの湿り気のミズゴケをしきつめる

　ヒキガエル事件から数ヵ月がたったある夜のできごと。その日はあまりの疲労感に、帰宅後すぐリビングのソファーで泥のように眠ってしまったんです。
　数時間も経った頃でしょうか？
　ギャッギャッギャッギャッギャッギャッギャ…………。
　すごく近くで、何かが鳴いている。ハッと目を覚ます。あれ？　何も鳴いていないじゃないか。寝ぼけただけかな？　ムニャムニャ……。
　ギャッギャッギャっギャッギャッギャッギャッギャ……。
　ん？　やっぱり何かが大きな声で鳴いている。寝ぼけたわけではなさそうだ。パッと電気をつけてみる。また鳴きやんだ。ヒキガエルのほうを見てみるが、ヒキガエルはこんな声で鳴かないな。どこかにやばい生きものが入りこんでしまったんだろうか。おちつかず、懐中電灯を出し、リビング中を探していると、「バタンッ」と奥さんが部屋に入ってきた。
「夜中にごそごそ何してんのよ。起きちゃったじゃん」
「いや、何か生きものの声がしたんだよ。大きな声だったから、これはやばいと思って探してたんだ」
「ああ、あれ？」と指差したのは窓の外に置いてあるプラケース。「夕方、子どもたちがアマガエルつかまえたって嬉しそうに持ってきたんだよ。これも飼うんだってさ」
　あぁ、そうでしたか……。え？　この大きな声、外からだったの。アマガエルってあんなに小さいのに、こんな大声出すの。おれのゴソゴソはダメなのに、この大きな声はありなんだ……。

オタマジャクシ

後ろ足が先にできる！

飼いかた
カエルになっておぼれないように……

プラケースに投げ込み式フィルターをセット。水は魚と同じでカルキ抜きする。カエルになるタイミングで陸に上がれないと、おぼれてしまう場合もあるので、ホテイソウなどを浮かべ、いつでも上陸できるようにする。

エサは？
ゆでたほうれんそうやかつおぶしなども食べますが、やはりフレーク状の金魚のエサがオススメです。浮いてしまうので、少し水に沈めるようにして、あげてください

目が離れて丸っこいイメージのアマガエルのオタマジャクシ

水中では泳ぐために、尻尾にはヒレがある

後ろ足から生えて、次は前足

\ How to keep /

エアーポンプ

おぼれちゃわないように！
足が生えそろい上陸するタイミングでおぼれてしまわないようにホテイソウを浮かべておく

投げ込み式フィルター

スポイトでフンをとる
たくさんフンをするので砂利はしかず、スポイトやホースで頻繁に吸い取ろう

2

はちゅう類専門店オーナー
山田 はこう飼う！

え!?
こんなもの
飼えるの 編

Profile

山田和久

はちゅう類専門店のオーナー。はちゅう両生類のなかでもとりわけ大きくて危険な生体をあつかうのが大の得意である。お店で販売している生体はすべて持つということをモットーとしている。

はちゅう類専門店なんてのをやっていると、
はちゅう類だけじゃなくて
変わった生きものを好きなお客さんが多いから、
奇蟲や猛禽類、珍獣までいろいろな生きものを取り扱う。
どの生きものも飼いかたは簡単じゃない。
ただ、まじめに飼育書のとおりにやったってダメさ。
それぞれ違う個体と違う飼い主なんだからさ。
野生の個体なのか、ブリーダーによって
繁殖されたものなのかでも違う。
そのペットショップや前の飼い主がどう飼っていたかでも違う。
飼育ケースをおいている部屋が寒いか暖かいかでも違う。
飼い主がマメかマメじゃないかでも違う。
だから買いはじめるための初歩の初歩、
ごくはじめの基本しか、ここには書かないよ。
だって疑問があったら飼育相談をしてくれたほうがいいんだよ。
その人とその生きものの
環境にあった飼いかたを説明できるからね。
生きもののためにも１人で悩まず、
身近なペットショップなんかに積極的に相談してくれよな。
専門店の店主はちょっとコワモテが多いし、
ホームセンターのペットコーナーは
たよりなさそうなのが多いけど、
みんなちゃんと答えてくれるはずだから、
怖がらず聞いてみてくれ。

え!? こんなもの飼えるの

サソリ

背中に子どもをのせて子育てする!?

　最近ペットショップで普通にサソリって売ってますよね。この前サソリを見てたら奥さんが「うわぁ、気持ち悪い。こんなの誰が買うんだろ」って言ったので、つい賛同してしまったんです。「だよね〜」って。でも、実はずっと前からこのサソリ、めっちゃ飼いたいんです。だってすんごくかっこいいでしょ。

　思い返せば子どもの頃、テレビで見てから、あの機械的な黒い光沢と大きなハサミ、ピンと立った毒針、サソリのすべてにほれ込んでいるんです。

　しかも最近知ったんですけど、あの黒くて大きい、あのよく売ってるサソリって、毒、すごく弱いっていうじゃないですか！

　これは飼えるなと……。

　あとはどう奥さんを説得するかだけなんです。

飼いかた

サソリの立場で考える

プラケースにヤシガラをしき、木の皮などサソリが潜り込めるものを入れると見えなくはなるけどサソリは安心。まずはサソリの立場にたって考えてあげて欲しいもんだよ。暖かい季節はこれだけで飼えるけど、冬場はケースの下にパネルヒーターを敷いて保温してやる必要があるから、それまでにお小遣いためて買いに来てほしい。

ピンセット

持つときは指でもいいけど、ピンセットで毒針をつまんじゃうのが一番安全！

尻尾の先の毒針には念のため注意しよう

実は手のひらにのせても大丈夫
※毒の強い種類ではやってはいけません

大きなハサミ。挟まれれば痛いけどまあたいしたことはない

DATA
ダイオウサソリ
体長　6〜10cm
最大で30cmを超える個体がいるといわれる世界最大のサソリ

え!? こんなもの飼えるの

タランチュラ

意外に温和で毒も弱め!?

　近所のペットショップにタランチュラがいるんです。タランチュラって名前も容姿もエサの食べかたも、なんかセクシーでしょ。もー、たまらないんです。見てるだけでゾクゾクしちゃう。1人で来たときなんて、タランチュラの前から離れられないもん。

　でもね〜。さすがに飼うのはムリかなって思ってるんです……。だって飼いはじめたら、いろんな種類をコレクションしちゃいそうなんだもん。

　旦那はどうやら、その隣にいるサソリがお気に入りみたいなんですけど、私は断然タランチュラ派だから、ちょっと意地悪して、「サソリ気持ち悪いね。こんなのだれが買うんだろ」って言ってみたら、「だよね〜」だって（笑）。飼いたいって言えばいいのにねぇ。

DATA
ローズヘアー タランチュラ
体長 手のひらサイズ（足を広げると10cmくらい）
南米に生息するタランチュラ。性格は温和で毒性はあまり強くない

- 手にのせてしまえば、意外におとなしい
- ※そうはいっても、噛まれたらはれるし、弱毒とはいえ、アレルギーの人は死亡例もあるので、くれぐれも注意を！
- 毛を飛ばす。人によってはカユミも。
- 大きな牙があるので注意しよう！

流木は隠れ場所
流木などを入れると立体的に動けて隠れ場所にもなる

浅めの水入れ

土の種類
土はすず虫の土や昆虫マット

How to keep

エサは？
生きた昆虫を採集するか、ペットショップでエサ用コオロギを売っている店を探して、週に1度くらいあげる。まあ様子を見て暖かい季節はいっぱい食べるし、寒ければ食べないから調整してやってくれ。

飼いかた

フタがゆるいと危険！？
かなり立体的に動くから、しっかりフタのしまるプラケースに。ヤシガラマットをしきつめ、水入れと立体的に動けるような流木を入れる。基本はそれだけで飼えるけど、サソリと同じで冬場にはパネルヒーターで床暖房してやってくれ。

え!? こんなもの飼えるの

エリマキトカゲ

流行ってないけど生きてます!

40代以上なら誰もが知っているあのエリマキトカゲブーム。ある車のCMを発端にキャラクター展開もすごかった。

私もカンペンケースとか使ってましたよ。流行が終わっても気に入って使ってたな〜。それからしばらくして、テレビの収録で二足走行させようとしすぎて、だいぶ死んだとかいう噂も広がって、まあ良くも悪くも徐々にトーンダウンしましたが……。

初来日のときのことも、イベントに生きたエリマキトカゲが来たときの大行列も、ただただテレビの報道で見ていました。

当時は、飼うなんて夢にも思わないような生きもので、実際生きたエリマキトカゲを見ることないまま大人になってしまいましたが、でも、まさか、そんな憧れの生きものにふらりと寄ったペットショップで、こんなに間近で出会うなんて！ しかも急に見つめた私に驚いてエリマキを広げてる……。

うわぁ、エリマキトカゲだ〜。買えない値段じゃない〜。

エサは？

コオロギとかジャイアントミルワームを中心に、バッタをつかまえてきてあげるといい。バッタは荒れた河原とか手つかずの草むらで。公園や田んぼみたいに殺虫剤をまいてそうなところのはあげないようにしよう。エリマキトカゲにも殺虫剤が効いちゃかもしれないからな。

紫外線灯

保温球 サーモスタットにつなげて28度くらいを保つ

How to keep

休みスポットにも 流木は止まって休んだり。あたたまるためのホットスポットにもなる

水入れ 水入れからあまり水を飲むことはないが、かならず設置

大きな口には細かい歯がならんでいて噛まれるとズタズタになるから注意

慣れるとエリマキを広げなくなる…!?

DATA
全長 70〜90㎝
オーストラリアやニューギニアに生息している。実は飼育して人に慣れてしまうとエリを広げない

怒るとエリマキを広げる

飼いかた
水を飲むのがヘタ！ 毎日水を飲ませてあげよう

はちゅう類飼育ケースに紫外線灯、保温球、パネルヒーター、水入れ、止まり木をセットする。これだけで飼い始められる。エリマキトカゲより器具のほうが高くつくけど、それぐらいはちゃんと投資しないと、長く飼うことはできないからな。保温球はサーモスタットにセットして28度くらいに設定。紫外線灯は、朝つけて夕方消す感じでOK。

え!? こんなもの飼えるの

カメレオン

体の色の変化を見ちゃう!?

よく見るとかわいい顔!

状況によって体の色が少し変化する

あっちこっち見れる器用な目

しっぽも四肢も木の上を歩くのに適した形

DATA
エボシカメレオン
頭胴長 25cm
カメレオンはまわりの色と同化すると思われがちだが体色はそれほど変わらない。

カメレオンって、あのカメレオン?
そうそう、あのカメレオン。
え? あのカメレオンを飼ってるって言ってるの?
そうそう、あのカメレオンを飼ってるの。
なんのために?
かわいいから。
カメレオンなんて手に入るわけないよね?
いやいや、ふつうにペットショップで売ってるって。
え? なんでそんなウソつくの?
いやいやいやいや、ウソじゃないって。
え? カメレオンって、あのカメレオン?
そうだって言ってるじゃん。あのカメレオンだって。
色が変わるでおなじみの?
そうそう、それでおなじみの。
舌ビヨーンでおなじみの?
そうそう、ビヨーンの。
昔ペンかなんかのコマーシャルに出てたあのカメレオン?
いや、それは知らないけど……。

How to keep

保温球
サーモスタットにつなげて使う

紫外線灯
紫外線灯を日中灯す

手作りケースは100円ショップのバーベキュー網

のぼる場所を
樹上性なので動きやすいように観葉植物を配置する

受け皿
汚れ防止に新聞紙などをしいてもよい

バーベキュー網を組んで作った手作りケース。このまま日光浴にも出せる

飼いかた

水はスポイトで口元に

はちゅう類の専用ケージが一番だけど、まあお高いし、カメレオンはケースこじ開けて出て行くようなパワフルさはないから、100円ショップで買ってきたバーベキュー網と結束バンドで作った飼育ケースでも十分飼える。大きくなれば鳥カゴでもいい。でも小さいカメレオンは鳥カゴだと逃げちゃうから、この手作りケージがベスト！
紫外線灯と保温球は室内飼育では必須。なかには止まったり隠れたりする観葉植物を入れる。水はお皿に入れても飲まないから1日数回観葉植物に霧吹きするか、スポイトで口元に水をたらしてやる。自動でポタポタやる道具もあるけど霧吹きやスポイトのほうが毎日観察できていい。
この手作りケージや鳥カゴの便利なところは、日中外に出して日光浴をしてあげられるところ。カメレオンはたっぷり紫外線が必要なんだよ。
でもカンカンに太陽が当たると干上がっちゃうから、すだれでほどよい日陰を作ってやる。

エサは？
ペットショップのエサ用に売られているコオロギを中心に、庭で採れるさまざまな昆虫を与えるといい

ひなたぼっこは、すだれもね！

ひなたぼっこには、日陰も必要なので、すだれを忘れずに

え!? こんなもの飼えるの

リクガメ

タンポポ大好き
慣れたら一緒に散歩

す みませんーん。リクガメをください。

リクガメといっても、いろいろいますが、何リクガメです？

えっと、昨日テレビに出てた、こんなに大きくて背中に乗れるやつです。

それは、もしかしてゾウガメのことでしょうか？

そうそう！ えっと、確かガラパゴスゾウガメ！

あ〜。そうですね、ガラパゴスゾウガメはおいてないんですよ。

じゃ注文できますか？ お金ならあるんで。

いやぁ〜、注文もできないですね。お金あるならアルダブラゾウガメでもいいですか？

いやそれ知らないんでガラパゴスで……。

まあ、ふつうの人の感覚って、こんなものですよ。ゾウガメに憧れる気持ちはわかるけどね（笑）。

エサは？
モロヘイヤや小松菜などの野菜とリクガメ専用フードにカルシウム剤をまぶしたもの。カルシウムは毎回混ぜなくてもいい

散歩も行こう！

外ではいろいろな草を食べる！
みんな **タンポポ** が大好き

DATA
甲長 15〜100㎝
リクガメは甲長12㎝位の小さな種類からケヅメリクガメやアカアシリクガメのように甲長70㎝を超える大型種までさまざまな種類が生息している。

56

飼いかた

洗濯物を取り込むように、夜は室内に!

基本は、はちゅう類専用の飼育ケージにヤシガラマットなどをしいて、シェルターと水飲み、それに紫外線等と保温球、サーモスタットをセットすれば、お店で売っているリクガメなら、みんな飼える。

それに、気温が20度を切らない時期は外で飼ってもなかなかかわいい。園芸用の仕切板で四方を囲んで、日陰になるシェルターと水飲みを設置して、水飲みはひっくり返さないようにブロックで押さえる。体を温めるためにも健康のためにも紫外線が必要だけど、カンカンに1日中、日が当たりすぎるのは絶対にダメだから、暑すぎるときに逃げ場になる日陰は必ず必要。それに夜は急な冷えこみや猫に襲われる危険性もあるから、必ず室内に入れよう。洗濯物を取りこむ感覚でね。

囲いにシェルターと大きめの水入れを設置するだけ。掘って逃げる場合があるので注意

外で飼うと健康!

How to keep

サーモスタット
保温球につなぎ温度調節する

ホットスポット
活性を高めるため岩にスポットライトを当て高温度な場所を作り自分の判断で温まりに行けるようにする

保温球
サーモスタットにつないで全体の保温に使う

シェルター
夜は暗い所で寝る

温度湿度計
自分の飼育している生体の飼育温度は朝・昼・夜とかならず測ろう

数年で甲長が40cmを超えるから、飼うならよく考えて!

ヒョウモントカゲモドキ

え!? こんなもの飼えるの

色バリエーションも多数！人気急上昇中

シェルター
昼間はほとんど隠れている

How to keep

テレビであるタレントさんが、「ヒ・ョ・ウ・モ・ン・ト・カ・ゲ・モ・ド・キってやつを飼ってる」って言ってた。なんだその生きものは？ 喫茶店で隣の女子が、「ヒョウ・モント・カゲモドキってかわいい」と盛り上がってる。ん？ また同じ名前の生きものだな。名前なんだって？

妹がヒョウモントカゲモドキを飼い始めた。おぉ、これがあのヒョウモントカゲモドキか。やっと名前を覚えたぞ。ヒョウモントカゲモドキ。そして……。僕もヒョウモントカゲモドキを飼うことにした。ヒョウモントカゲブームの到来だな。

ウインクしてる？

DATA
全長 25〜30cm
自然界に生息する数よりもペットとして殖やされている数の方が多いかも？ の大人気のペットヤモリ

パネルヒーター
寒い時期には必須アイテム

水入れ
エサのコオロギがおぼれないように、浅めの水入れ

エサは？
コオロギやジャイアントミルワームを中心に、ときどき採集したバッタなどをあげるといい。

飼いかた
夜行性で1匹狼タイプ！

立体的には動かないから少し面積の広いプラケースを用意して、歩きやすいようにウッドチップを敷き詰めたら、シェルターと水飲みを置いてプラケの下にパネルヒーターを設置したら、飼育準備完了。夜行性で紫外線があんまり必要ないから紫外線灯の設置も必要ない。ケンカするから1匹飼いが基本で。

いろいろな色のバリエーションがあるので好みのものを選べるよ

栄養状態がいいとシッポがプリプリ太くなる

よく見るとキレイな目をしてるね！

え!? こんなもの飼えるの

ベルツノガエル

カエル界の王者！ネズミを丸のみ

ペットショップの小さな水槽。この水槽に何がいるんだろ？ 何も見えないな〜と水槽に顔を近づけたとたん、何かが、ベタンッ!

砂利に隠れていたのだろう。

まったく気づかず、不意をつかれた私はつい「うわぁ!」と大声を出して、周囲の注目を集めてしまった……。

私に恥をかかせた、この生きものは大口を開けて、その舌をガラスにべったりくっつけた状態でこっちを見ている。私にキスをしようとしたわけでもあるまい……。まさか私を食べようとしたのか？

名前をベルツノガエルというらしい。人気ナンバーワン「カエル」と書いてあるが本当か？ 私は今までこんな生きものを飼っている人にあったことがないぞ。その様子を見ていた店員さんがニヤニヤしながら近づいてきた。

「気に入られちゃいましたね〜。動くものなら、なんでも食べようとするんですよ〜」

……私は黙ってその場を離れた。まったくムカつく店員だ。

しかし気になって気になってしかたない。あの口だけみたいなカエル。あぁ、こういうことか。こうしてみんな、あのカエルのとりこになっていくんだな。おれはそう簡単に飼ったりしないぞ。飼ったりしないぞ……。

怒ると体をふくらませてパンパンになる

動くものなら何でも食べるぞ

DATA
体長　12〜15cm
大きい個体はネズミなどのホニュウ類を食べることもある

寒がり対策
寒い時期にはプラケースの下にパネルヒーターをしく

How to keep

飼いかた
浅い水に入れるだけ……！

プラケースに浅く水を張り、カエルを入れるだけ。寒い時期は下にパネルヒーターをしく。そしてフンをしたら水を替える。砂利を入れると体を半分潜らせて隠れるけど、その砂利をエサのときに飲んでしまったりしておなかに砂利がたまってしまうこともしばしば。砂利は自分では排出できないので獣医さんで手術となるわけだ。砂利を入れない飼いかたをオススメする。睡蓮鉢なんかでも、飼えるぞ。

エサはネズミ？
エサは金魚やピンクマウスというネズミの子ども。ピンクマウスは冷凍になったものが、専門店屋や最近ではホームセンターのペットショップでも売っている。それをピンセットで身の前に持っていくだけで、ばくんと丸のみだ。

シンプル……睡蓮鉢でも飼える！

ほとんどが顔といっていいほど大きな口で動くものなら何でも飛びつく

え!? こんなもの飼えるの

ウーパールーパー

名づけ親は総理大臣！

投げ込み式フィルター
強い水流は好まない

福田赳夫元首相が命名

外に飛び出したエラが人気に

DATA
全長 20〜30cm
メキシコサラマンダーの商品名とされていることが多いが、本当はメキシコサラマンダーと別の種類をかけあわせて人間がつくりだした生物。食用としての養殖も盛んである。

ウーパールーパーって、昔すげー流行った生きものいたじゃん。お前らの年でもウーパールーパーって知ってる？

あ〜、そんなのいましたよね。かわいいイラストで文具とかにもなってませんでした？ うちの姉が、たしか筆箱かなんか使ってましたよ。それに、うちの親、あれ何匹かいろんな色の飼ってましたよ。飼育が難しいらしくて、すぐ死んじゃって。まったくバカですよね〜。あんなもん飼えるわけないじゃないっすかね。かわいくもないし、あんなもの飼うやつの気が知れないねって、言ってやりましたよ。

いや、実はさ、今うちにそのかわいくもなんともないウーパーウーパーがいるんだよ……。近所の水族館でふえたとかで、子どもの学校でも飼ってたんだけど。それで、もう夏休みじゃん。だから夏の間、誰か持って帰って飼ってくれる人〜ってことになって。ほら、うちの息子、生きもの好きじゃん。なんかクラスの目が「お前だろ」って感じになっちゃったらしくて、手あげちゃったらしいんだよ。まあ、息子もまんざらでもないんだけどね。もちろん死んでも責任はとらなくていいし、夏休み終わっ

\How to keep/

飼いかた

夏はクーラーの効いたリビングで

大きめの水槽かプラケースに投げ込み式のフィルター。傷ができると水カビ病になりやすかったり、清潔にしておいたほうがいいから、砂利はしかずに、フンはすぐスポイトで取り除くといい。水面に浮き草とかマツモなどの水草を浮かべてやるとおちつくかも？ まあ、気休めでもいいから入れてやってほしい。水温は基本室温でいいけど、夏は暑くなりすぎるからクーラーの効いたリビングにおいてやってほしい。それが無理なら家のなかで一番ひんやりする場所を探して、そこで飼ってほしい。逆に冬は少し暖かめのほうがいいから、やっぱりリビングがいいかな。

マツモなどの水草を水面に浮かべておくとおちつく

砂利はしかない

エサは？
魚の切り身とか金魚とかを毎日あげてみて。食べないエサは即座にとりのぞく。

イモリの子どももウーパールーパー

アカハライモリの子どもも見た目はウーパールーパー！ 幼生のときは水中生活だから、あの顔の横のふさふさっとした外エラがあるんです。親になると陸に上がるので外エラはなくなりこんな姿。

てもそのまま飼い続けていいらしいんだけど、うちさ、この夏休み、ハワイ旅行計画してたんだよ。仕事休めるかわかんなかったから息子に内緒にしてたんだけどさ、有給とれたんだよね。だからさ、お前あずかってくんない？ まあさ、あんなもん買うやつの気が知れねーかも知れねーけど、2週間だけでいいからさ〜。

え……、あ〜はい……なんかスンマセン。じゃあ、ぜひ……。

シロフクロウ

え!? こんなもの飼えるの

魔法学校から出てきた!?

あの魔法学校とか映画で見ちゃうと、こんな相棒ほしいな、飼えたらいいのになって妄想したことはあったけど、ありゃ動物園で見るもんで飼えるもんじゃない。そう思い込んでいたんですよ。そしたら最近、猛禽類カフェみたいのが流行ってるでしょ。「へー、フクロウとかってふつうに飼えるんだー」と思って。「でもまさかシロフクロウはいないよね」と半信半疑で行ってみたら、うわぁ、ふつうにいた……。

バレーボールくらいの大きさ!

DATA
全長 50〜60cm
シロフクロウはとにかく暑いのが苦手! 夏は、シロフクロウ様のためにエアコンを!

フクロウのなかまたち

- コキメンフクロウ
- メンフクロウ
- アメリカオオコノハズク
- トラフズク

飼いかた
詳しくは書かないよ！

猛禽類を飼うのはそれなりに覚悟がいるよ。値段も高いし、鳥カゴで飼えるわけじゃないし。飼い主と心も通じちゃうし、欲しいってだけでは飼えない。
だからここでは詳しく書くのはやめておくよ。本気のヤツはお店に顔だして、しっかり相談して覚悟ができたら買うんだな。

最後まで責任を持って飼おう！

フクロウのヒナ、拾っちゃったらどうする？

ときどきフクロウのヒナが落ちてました、みたいな話ってありますよね。でも基本、鳥のヒナは拾っちゃダメです。巣立ちが上手くいかず巣から降りただけで、近くで親鳥が見守っている場合もあるし、人が触れただけでショック状態になっちゃうやつもいます。

でも、それでもケガをしてたりして、しかたなく保護する場合、必ず所管の事務所などに連絡しましょう。どこに連絡すればいいかわからない場合は近くの警察に相談すれば教えてくれます。保護の場合は、限られた期間保護飼育できます。でも期間を過ぎたら放鳥する義務がありますし、ケガが治らないなどの理由で放鳥できない場合は届出が必要です。

それに保護した生きものを獣医さんに持ち込んだばあい、費用などはすべて持ち込んだ人の負担になります。いいことしたみたいな顔しておいて帰っちゃう人や、いざお支払いになったときにゴネだす人、おいていったくせに後日治ったか見せてくれと言って見に来る人も多いと聞きますが、それはルール違反ですよ。

たとえば、ほら こんなものに会っちゃったら

カマイタチ

How to keep

エサは?

フェレットフードを与えてみて食べないようなら、はちゅう類ショップで売っているエサ用のひよこやマウスなども与えてみます。もしかしたら魚も食べるかもしれません。いろいろ与えてみてもどうしてもエサを食べないようなら、早急に飼育をあきらめ、弱ってしまう前に早めに元いた場所に放してあげましょう。

突然の風とともに何かが横切った!? と思った瞬間、同時に刃物で切りつけられたような切り傷が! なんてことよくありますよね。それはみなさんごぞんじの、カマイタチの仕業ですよ。

でもカマイタチってちゃんと見たことないですよね。だって、すげー早いんですよ、きっと。でも、いくら早い生きものでも油断するときがあるはずです。

林道を散策していたら車にひかれて傷ついたカマイタチが!「何かの巣かな?」とのぞいた穴にカマイタチが寝ている! なんていう偶然がないともかぎりませんから、私はいつでもアラミド繊維の長靴と耐切創性手袋を持ち歩いています。

このカマはおそらく体毛か爪が特化したものだろうと思うので、刃物でも切れにくい手袋ならいざというとき、つかまえても大丈夫だと思うんですよね。

飼いかた

どんな動きをするか不明

切るのが得意なカマイタチですが、金属までは切れないと思われるので、小動物用の頑丈なカゴで飼育できそうです。

あとはフェレットの飼いかたを応用してみましょう。水飲みとエサ入れ、樹脂製の頑丈なシェルターを設置し、フェレットが喜ぶ布製のハンモックなどはカマで切られてしまうと思うので、やめておきましょう。

あまり暑いのは苦手と思われるので、飼育ケージは日が当たりすぎず風の通りのいい場所におきましょう。強風の日にはケージごと外に出してあげると喜ぶかもしれませんが、どんな動きをするかわからず危険を伴うので控えましょう。

日本で、もっとも名の通ったヘビ「ツチノコ」。太短い姿が魅力的で、とりこになってしまっている人も多い。各地の森林などで目撃例があり、幻の生物中、もっとも出会う可能性が高い生きものといっても過言ではないでしょう。

私もいつ出会ってもいいように、日本手ぬぐいで作ったヘビ袋を常に車に携帯しています。ヘビ袋がない人は洗濯ネットなどでも代用できますが、チャックでは逃げ出す可能性があるので入れたらギューと絞り上げ、体があまり動けないようにして袋の口を輪ゴムで固く止めます。それに洗濯ネットは目が粗くて鼻をずって傷つけてしまうので、なるべく早くプラケースなどに移す必要があります。

ツチノコは毒ヘビという説もあるので、素手でつかまえることは避けます。通常スネークフックやハブトングなどで捕獲しますが、体が太短く引っかからないのでツチノコの捕獲には向いていません。スネークフックで頭を押さえるようにして、ケブラー繊維の手袋や革手袋を用い、手づかみしましょう。

飼いかた

毒ヘビかもしれない

飼育にあたって、まず気をつけなければいけないのが毒ヘビだった場合。飼育するには各県の許可が必要になることがありますので、まずは研究機関に持ちこみ調べてもらう必要があるでしょう。
毒ヘビだった場合は住まいの地域の役所に問い合わせて、指示どおり登録します。毒ヘビを飼育できる設備も地域で基準が違いますので、その地域の決まりどおりに飼育ケージを用意します。
毒ヘビの疑いが晴れて飼育できるということになった場合は、しっかりしたフタのついた、はちゅう類専用飼育ケースを使います。前の引き戸にも念のため鍵をつけましょう。ヘビは脱走名人ですからね。

エサは？
カエルとネズミを与えてみて食べるほうのエサを10日に1度くらい与えます。

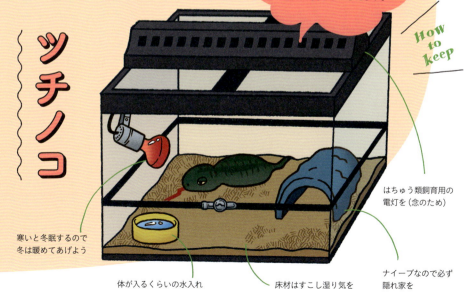

ツチノコ

How to keep

寒いと冬眠するので冬は暖めてあげよう

体が入るくらいの水入れ

床材はすこし湿り気を

はちゅう類飼育用の電灯を(念のため)

ナイーブなので必ず隠れ家を

3

鳥羽水族館飼育トリオ
ならこう飼う！

突然わが家に訪れた生きもの 編

Profile
辻 晴仁　森滝丈也　高村直人

鳥羽水族館飼育研究部。
「へんな生きもの研究所」の飼育担当
として、さまざまな生きものの飼育に
造詣が深いプロフェッショナルトリオ。

水族館ではさまざまな生きものを飼育、展示していますが、
飼育が難しい生きものも多くあります。
そういった生きものたちをどうやったら
長く飼育し、みなさんにお見せできるか、
また、少しでも多くの生きものを繁殖させ、
累代飼育し、その様子を
みなさんに伝えることができないか……。
飼育のお仕事って、生きものを見ていただくだけでなく、
そんな研究の日々でもあるんです。
また、もう1つの大切なお仕事は、生きもののすばらしさや
自然の大切さを伝えることでもありますから、
みなさんからのさまざまな質問にも真摯にお答えしています。
ほとんどは展示している生きものや、
偶然つかまえた生きものの種類といった内容が多いのですが、
なかには展示を見て、飼育に興味を持ってくださり、
生きものたちの飼育方法を聞かれることもあるのです。
お歳暮で、外食で、お散歩中に……。
さまざまな場面で、偶然出会うこともある魚介類、
その不思議な魅力に思わず「飼育してみたい！」
と思ったことはありませんか？
そんなときのちょっとした知識とコツを、
私たち専門家がお教えします。

突然わが家に訪れた生きもの

イセエビ

食べる前に飼って大きくする!?

お歳暮でわが家においしそうなイセエビが届いた。ピンピン生きている。飼いたいと思うのは当然だろう。

これは偶然ではなく必然だ！ どうやったらこのぜいたく品を飼育するという、無茶なお願いを押しとおせるだろう……。家族を説得する言葉が見つからないまま、母と姉のおいしい料理への妄想は広がっていく。これはまずい!! あせったぼくは、「1匹もらっていいかな」と口走ってしまう。当然「は!? なんで?」「4人家族で3匹だけなのに、なんであんたが1匹?」と厳しい反応。もう素直にお願いするしかない。「ぼく、このイセエビを飼いたいんだよ……」。母や姉は猛反発。「バカじゃないの!?」の一言でケリがついてしまいそうになった、そのとき、「ふ〜ん。面白そうだな。こんなに元気なんだし、飼ってみようか?」と父！

「じゃ、あとの2匹は私たちで食べるからね」と多めの分け前をもらった母と姉からも、それ以上の反対意見はなし。

1匹許しが出た〜。父さんありがとう。そうこういうときは素直に伝えて情に訴えるか、相手にとって有利な面を伝え、交渉することが大切なんだ！ あとは強い味方をつけることもね（笑）

DATA
体長 30cmくらい
浅い海の岩礁。昼間は岩のすきまにかくれている

尻尾の力が強い

持ちかた

トゲトゲで変な場所を持つと痛いめにあいます。またピンピン跳ねた場合、おさえこむのも大変です。からの両サイドを、しっかり押さえましょう。

おがくずに入ってくる

入手

お歳暮で、だいたいおがくずの中に埋もれた状態で送られてきたものと出会います。今は流通がよくなり、それでもピンピンに生きていますが、海水に入れてエアレーションした状態で送ってくれる業者さんもあります。飼う目的で入手するなら、この方法がベスト！

エアレーションでくる

こちらのほうが
状態はいい！

輸送で脚が
とれている場合が
多いけど
飼育には問題ない

飼いかた

まずペットショップへ走れ！

飼育の許可が下りたら、あとは時間との勝負！イセエビは下手にいじらず、おがくずのまま涼しい場所に保管しておいて、すぐにペットショップに走ろう。そろえるものは人工海水と海水対応の簡単な飼育水槽セット。そして、隠れ家になるものと、下にしく砂利。それらを購入したら、急いで帰って人工海水を分量どおりに溶かした水槽をセットし、ろ過器を回します。ろ過機を回してしばらく水を慣らすために放置しますが、その間に砂利と隠れ家をレイアウトし、そこにイセエビを入れるだけ！

観察

口のまわりで元気かがわかる

入れてすぐ元気に活動していれば、まあ大丈夫。でも動かずじっとしているようだったら、口の周辺などをよく見て、動いているかを見る。もしも全くどこも動かなくなったら、すぐに取り出し、すぐに火を通して食べることをおすすめする。だって、ただ無駄に死なせてしまうのはいけない。むしろちゃんと食べるべきだ。口だけを動かし生きているようなら、そこからは徹夜覚悟で見守ろう。元気に動きだしたら2日後くらいにエサを与えてみる。反応がなければ食べ残しのエサは放置せずに取り出す。それを1日何度か試し、エサを食べはじめたら、飼育できる合図だ。

エサは？

魚の切り身やアサリのむき身でたまにキビナゴなどの小魚を丸ごと与えます。骨ごと与えることで、からの形成に必要なカルシウムをとるためです。

注意点 大きくなるので成長に合わせて水槽を大きくする必要があります。逃げ出すことはあまりありませんが、驚くと跳ねるので驚かさないようにしましょう。ヒーターなどをかじって壊してしまうこともあるので、市販のヒーターカバーなどを使いましょう。

How to keep

岩 シェルターになるような大きな岩を入れる

イセエビは隠れるのが好き。なのでこの裏に隠れる

フィルター
外掛け式のフィルターは水槽の中を広くするために有効

飼育温度は？
室温で大丈夫だが、夏は涼しいところにおき、水温が上がりすぎないように気をつける。冬は動きがにぶくなったり、エサを食べ始めなくなるので、飼育用のヒーターと、サーモスタットをセットし、水温を20℃くらいに調整する。

砂利
イセエビが歩きやすいように砂利をしく

イセエビは輸送状態さえよければすぐに活発に動き、シェルターを見つけたら、隠れます。あまり動かずシェルターにも隠れないなど元気のない様子が続くようなら
⋮
食べるという判断は早めにしたほうがいいでしょう

次のページに、おいしく食べるレシピ

Ise-ebi Cooking
食べるときは
おいしくね！

元気がないなら食べる！
イセエビ料理

飼おうと試みた生きものが、すべてうまく飼えるわけではない。もともと食用で流通している魚介類は、飼育に適した状態でないことも多いので、弱っていると感じたら、死んでしまう前においしく食べるべきだと私は思う。
それこそが、命を無駄にしないことにつながるからだ！

イセエビのみそグラタン

イセエビを半分におろし、軽く塩コショウして、ホワイトソースを作り、卵黄、白みそ、柚子コショウで作ったソースをかけてオーブンで焼きあげ、庭のフェンネルを添えて完成。

イセエビのマヨネーズ炒め

ゆでたイセエビをむいて、からでだしをとり、イセエビとアスパラをそのだしとイセエビ、みそ、マヨネーズで炒める。

イセエビ風味のリゾーニ

ズッキーニと玉ねぎ、米状パスタ「リゾーニ」をイセエビのだしで10分ほど煮て、リゾーニがしっかりうまみを吸ったら、水分を飛ばして、オリーブオイルとパルメザンチーズをまぜて、こんがり焼きあげる。

ウチワエビのレモンクリームパスタ

にんにく、アスパラ、パプリカ、ベーコン、そしてウチワエビを炒めて、ベルモットでフランベ。ブイヨン、生クリーム、パルメザンチーズ、コショウ、バジルで仕上げて、レモンをしぼる。

イセエビの飼いかたさえ知っていれば

セミエビ が届いても

ウチワエビ が届いても

飼えちゃうぞ！

突然わが家に訪れた生きもの

アサリ

スーパーで買っても飼えるよ！

今日は彼女が遊びにくるから得意のパスタでも作ろうかな〜。ウキウキ浮かれながら、スーパーでお買い物。お！ 新鮮なアサリ発見。ボンゴレビアンコか、シンプルに白ワイン蒸しなんてのも素敵だな。これは買いだぜ！

さてと、まずはアサリの砂抜きをしなくてはね。水に塩を溶かして、しょっぱいくらいの塩水を作ったら、買ってきたアサリを入れる。しばらくするとピューピューお水を吹いている。「そういえば、水ピューピューしてるところ、よく見たことないな」そっとのぞいてみる。

あぁ〜。みてしまった！ あんなに雑に、ただ塩を溶かしただけの塩水で、元気に生きている……。ベロンとしたものと目みたいなものを出してて、ちょっと気持ち悪いけど、あぁ、生きている！ これは飼ってみる価値があるのではないか？ いやいや、アサリはいつでも売っている。今あせることはない。パスタを楽しみにしている彼女のために……。

DATA

体長 最大7cm、だいたい3〜5cmくらい
塩分の低い砂や泥の海、水深5メートルより浅い場所。春に太る。いちばんおいしい

トレーで売っているふつうのアサリだ！

生きているぞ！

なるべく割れていないものを選ぼう

How to keep

まるでハワイの海岸
目の細かめの砂を用意

エアレーション
砂を吸い込みにくいので外掛け式のフィルターがよい

生きてるよ！……見た目は地味だけどね……

飼いかた

春のアサリはおいしいけどね！

水槽のセットをしてから新鮮なアサリを買ったほうがいいと思うので、今日はパスタを作ったらどうでしょう？　と余計なアドバイスはいいとして、まずはアサリを購入する前に水槽を。人工海水、海水対応の飼育水槽セット、細かめの砂を用意します。人工海水を分量どおり水に溶かしたら、ろ過器を回し、よく洗った砂をそっとアサリが潜れるくらいまで4〜6cmくらい入れます。そのまま一晩回し、水がキレイになったらアサリを入れましょう。

エサは？

金魚のエサなどを粉状にして水に溶かします。夜暗くする前に水槽にエサを入れて、エサを入れたら一度ろ過器は止めてエアレーションだけにします。翌朝アサリがエサを吸い込んで水がキレイになっていたら、ろ過器を回します。エサは週に1度くらいで大丈夫。量は、アサリがどれだけ吸い込むかで違ってくるので、よく観察しましょう。

Asari Cooking
食べるときはおいしくね！

アサリ料理

彼女にパスタを作らなければならないときやスーパーで買ってきたアサリの状態がよくない場合は、すぐに食べよう。

アサリとタケノコの簡単パスタ

アサリとタケノコを白ワイン蒸しにして、ゆでたパスタとプチトマトを入れてさっと混ぜ合わせたら、三つ葉を飾って完成。

アサリとグリーンピースの白ワイン蒸し

ニンニクとショウガのみじん切りをバターでさっと炒め、グリーンピースとアサリを入れ、白ワインで蒸したら、バターで仕上げ、塩コショウで味を整え、ディルを飾って完成。

突然わが家に訪れた生きもの

マアジ・サザエ

水槽を泳ぐ活魚だってペットに！

今日は家族で新鮮なお魚を食べに和食屋さんにやってきた！
　おぉ、入口には大きな水槽があって、魚が泳いでいる。アジもサザエも、こりゃ、うまそうだ！　奥の和室に通されて、家族でメニューを見ていると、あれれ？「お寿司食べる！」と今日をすごく楽しみにしていた息子がいないではないか。
　「トイレかな？」と探しにいってみると、息子が水槽を泳ぐアジに見とれている。
　そっと近づいて「おいしそうだね」と話しかけると、「うん、おいしそう……」。
　「でも食べるよりも、ぼく、家で飼いたいんだ」と息子。
　あぁ、かわいい息子のためにこれ飼えないものか……。

飼いかた

運びかたが大事だ！

海水は、人工海水、もしくはその和食屋さんで魚と一緒に海水も多めに分けてもらう。水槽はやはり海水対応の水槽セットがいいでしょう。まずは海水だけを用意し、ろ過器を回しておきます。砂利などは、しかないほうがいいでしょう。
　魚の移動は、お店で市場からお店に運ぶときに使った発泡スチロールとビニール袋を借りて、魚と海水を入れたら、空気を入れるようにしてビニールの口を輪ゴムで閉じて、水温が上がらないように気をつけて運びます。
※運搬については、分けてもらうとき、お店によーく相談しましょう。

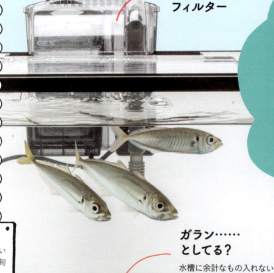

外掛け式フィルター

エサは？
アジは魚の切り身やエビを乾燥させたクリルと呼ばれる魚のエサを、毎日与えます。サザエは海藻を食べるので市販の昆布などを入れて様子を見ます。水族館では水槽に生えた藻などを食べてくれる掃除屋さんなので、コレといってエサは与えていません。

ガラン……としてる？
水槽に余計なもの入れない

How to keep

DATA
アジ
体長　全長30cmくらい
1年中見られるけど旬は春から夏
サザエ
体長　からの大きさは10cmくらい
1年中流通しているが一応春が旬

海水水槽で気をつけること

人工海水

海水をくめる環境ならば、海水を使用する。そうでない場合は人工海水を使う。人工海水はどのメーカーのものでもいいが無脊椎動物に対応しているかなど、ペットショップで飼育する種類を告げ、オススメのものを購入しよう。あとは分量どおり水に溶き、使用する。

ろ過

各水槽でろ過器を回しているが、ろ過面積は多いに越したことはない。ろ過面積が多ければ多いだけ急激な水質の悪化の心配もなくなり、水換えの頻度も減らすことができる。本文では各水槽に1つしかろ過器を使用していないが、外掛けフィルターと投げ込み式フィルターを併用すると、さらにいい。

水換え

家庭でpHなどの水質をチェックするのは難しいので、生きものの様子や水のにおい、水のにごりなどを見て判断する。慣れてくれば容易だが、はじめて生きものを飼う方など、判断しにくい場合は、はじめは3週間に1度と決め、3分の1から半分ほど水を変えるように心がけて、あとは様子を見ながら学ぼう。

比重

飼育していると、水分が蒸発して水位が下がってくる。すると海水濃度が増し、塩分が濃くなってしまう傾向にある。水面に印をつけるなどして蒸発した分はカルキ抜きをした真水を足すようにしよう。ときどき比重計で比重を計り、基準値に合わせるよう気をつける。

水温

冷蔵庫を使用したもの以外は、すべて室温で大丈夫だが、夏に暑くなりすぎるのはダメ。北側の日の当たらない部屋や玄関など、あまり高温にならない場所、もしくはエアコンがつねに回っているリビングなどに水槽をおこう。それでも暑くなりすぎるようなら水面に風を当てるファンを使うと少しだけ水温を下げることができる。

エサやり

初心者にとって難しいのは、エサのあげかたのようだ。同じ生きものでも個体によって食べる量が違うし、日によっても、体調によっても違う。基本は1日に1度で食べ残しは30分後には取り除き、足りなそうなら1回の量ではなく回数を増やそう。食べない場合は無理にあげなくても大丈夫。どの生きものも数日程度あげなくても健康に差し障りはない。

突然わが家に訪れた生きもの

タコ

頭もいい、目もいい！ 人のマネもするぞ

脱走するぞ！
脱走を防ぐためにフタはバンドで巻くかガムテープで止める

住居も用意
隠れ家になる貝など

How to keep

投げ込み式フィルター

DATA
体長 30〜60cm
くらい
浅い海の岩のすきま

　磯を通る散歩道。これがわが家の愛犬ダマスカス（ブルーベルトンのイングリッシュセッター）お気に入りのお散歩コースだ。休日にはおりたたみ椅子と文庫本を持ち、かわいいダマスカスと過ごす至極の時間。

　それにしても今日はやけに潮が引いてるな。「海で遊んでおいでダマスカス」。さて、ぼくはゆっくりダークファンタジーでも読むかな。

　ワンワン。
　ウ〜ァンウァンワンワン。
　ワンワンワンワンワンワン。
　あれれ？　泳ぎ好きで、いつもはおとなしいダマスカスが吠えまくっている。何かあったかな？と見に行くが、潮だまりにデミタスコーヒーの空き缶が捨てられているだけだ。ちょっと小さいその缶に向かって吠えまくるダマスカス。不思議に思い、缶を手にとってのぞいてみる。

　おっと、びっくり！　小さな目と目があった！　こっちをじーっと見てる〜。ん〜、あ！　マダコのチビだ!!　か、かわいい……。うちにプラケースあったよな〜。よし！

　犬のおしっこ流すために持ってた1.5Lペットボトルの水を捨てて、海水を入れて帰ろう。ウンコ拾い用に持っていたコンビニ袋にそこら辺に落ちている貝殻も拾って、缶の水を少し抜いて、口にハンカチを詰め込んで万全だぜ。さー、連れて帰ろう！

飼いかた

とにかく頭がいいのだ

もちろん海の近くにお住まいでない方は、前半で説明した人工海水で大丈夫。プラケースに海水(もしくは人工海水)をはり、ろ過面積が大きいほうがいいので、少し大きめの投げ込み式のフィルター、隠れ家用の岩や貝殻を入れて、タコを泳がせよう。タコは頭がよく、フタなどは簡単に開けてしまう。脱走の名人なので、フタにバンドやガムテープをして、しっかり固定しておこう。

かしこい！
タコの前で、ビンのフタを開ける姿を見せたら、同じようにタコもビンのフタを開けるぞ!!

噛まれると、かなり痛い!!

危険なクチバシあり！

エサは？
魚の切り身やむきアサリなどを毎日与えます。食べ残しはすぐに取り除きましょう。他の生きものと同じように、室温で大丈夫ですが、夏は暑くなりすぎないように注意。

タコは噛むぞ!!

タコの足の付け根(中心部)には硬い貝のからでも噛み砕くクチバシがついています。小さいタコに噛まれてもかなり痛いですが、大きなものになるとスパッと切れて大けがにつながる危険もあるので注意しましょう。

Tako Cooking
食べるときはおいしくね！

タコ料理

シェルターから出て、足を伸ばしてだるそうにしていたり、ちょっとつついても反応が鈍い状態が続いたら、すぐに料理しよう。

タコ飯
タコをしょうがとだしとしょうゆでさっと茹でて、洗った米の水を軽く切り、そのタコとおだしで、ご飯と炊く。仕上げに大葉を添えて。

タコとカツオの唐揚げ
タコとカツオにしょうゆとみりんで下味をして、小麦粉をはたいで唐揚げに。

突然わが家に訪れた生きもの

ヒトデ

まるで絵画のようなビジュアルなのに、ラクチン

今日もダマスカスと磯散歩。この前連れて帰ったタコはすこぶる元気。水槽のフタをトントンと叩いてからエサをあげていたらすっかり覚えて、トントンとフタをノックすると隠れ家から這い出てきて「エサくれ〜」とフタを開けようとする。最高にかわいい。

さて、今日も何かいい出会いはないかな？ と思っていると、子どもたちが何かを囲んでつついたり円盤みたいに飛ばして遊んでいる。

「何してるの？」と話しかけると、「星が落ちてたから空に返そうと思って投げてた〜」「人の手が落ちてたから、これは事件だと思って生きているかどうか確認してた〜」としゃれた返答……。

「こらこら、これはヒトデといって、海の生きものだよ」……。聞くや否や、「そんなの知ってるよ。バカじゃねー、このおじさん」と逃げていく子どもたち。

「バカヤロー、生きものをいじめるんじゃねーよ。このクソガキども〜」「罰当たりやがれ！ 罰当たりやがれ〜」「はぁ〜はぁ〜はぁ〜はぁ〜」 おっといけない。つい、とりみだしてしまった……。その日はヒトデをそっと潮だまりに戻して家に帰る。するとその日の夜、トントンとドアをノックする音に目が覚めて、布団からはい出して、ドアを開けると、そこにはあのヒトデが立っているではないか。

「さきほどは助けてくれてありがとうございました。恩返しにやってきました。何かお手伝いできることはないでしょうか？」「ヒトデにやってもらうことなど何もないっ」とドアを閉めたところで、ふと目が覚める。ヒトデの恩返しか〜。

タコの横にもう1つ水槽をおいてヒトデを飼うか……明日連れてこよう。

How to keep

DATA
体の幅　5〜15cm
　　　くらい
浅い海の岩の表面

ゆでて食べる地域もあるよ！

マヒトデ

飼いかた

シンプルすぎる…？

ヒトデも魚同様に砂利はしかず、シンプルに水槽に海水（もしくは人工海水）をはって、ろ過器を回すだけで飼育できます。もちろん砂利をしき、岩などでレイアウトしても問題ありませんが、水槽のガラス面が好きでガラスを歩き回っていることが多いです。

外掛け式フィルター

イトマキヒトデ

磯で見られる飼いやすいヒトデ

アカヒトデ

エサは？
貝や魚。毎日あげて食べ残しはその日のうちに取り除きます。砂利をしかないのはエサの残りをキレイに取り除けるという利点もあります。イトマキヒトデは海藻も食べるので、生の昆布などをときどき入れてあげましょう。

ヒトデいろいろコレクション

オニヒトデ

ニチリンヒトデ

カワテブクロ

アオスジクモヒトデ

突然わが家に訪れた生きもの

イソギンチャク

グラスでも飼える
サバイバル根性

夕コもヒトデも元気そうだ。ダマスカス、今日も磯にお散歩に行くぞ！ 今日は水槽の水換えの日、海水をタンクにくんで帰るんだ。そうだ。ついでに自然の岩を拾ってきて入れてあげよう。いつもの磯、今日は塩水をくむために、少し潮位の高い時間を選んだから、クソガキどももいない。

さて、水のあふれかえった潮だまりで海水をくみ、水槽に入れるいい岩がないかと探していると、「あれ？ いつもは陸になっている場所に何かいるぞ」と指でつつく。するとヒュンと引っ込んだ！ これはイソギンチャクじゃないのか！ この磯にイソギンチャクなんていたんだな。よく見ると、たくさんのイソギンチャクが岩の隙間の砂場でゆらゆらしているだけでなく、今まさに持ち帰ろうとした小さな岩にもいくつか、くっついているではないか！

おうジーザス。このイソギンチャクも連れて帰っていいでしょうか……。

DATA
体の高さ 2〜4㎝
潮干帯の上部

外掛け式フィルター

How to keep

水流が気にいらないと移動するよ

エサを受け取ってくれる

飼いかた

グラスでも飼えちゃう！

イソギンチャクは高温や酸欠にも強くて丈夫なので、ひと夏ぐらいなら、定期的に水換えさえしていれば、グラスなどでろ過なしでも飼えちゃう生きものなんです。でもやはり長く飼育するためには水槽に海水（もしくは人工海水）をはり、砂利をしいて、岩ごと水槽に配置します。水流や岩の位置が気にいらないと自分で移動してお気に入りの場所を見つけるので、水槽に入れたての頃は毎日居場所を観察するとおもしろいですよ。潮の満ち引きのように激しい水流がないため、体の表面に粘膜をまとって取れないので、ときどき手でかき混ぜるようにして取ってあげるといいでしょう。

注意点　イソギンチャクは岩にくっついているものを無理にはがしてはいけません。体がちぎれてしまいます。持って帰れる程度の大きさの岩にくっついているものを見つけた場合だけにしましょう。

> **エサは？**
> 魚の切り身やむきアサリを5㎜くらいに小さく切って、ピンセットで触手の近くに持っていくと受け取ってくれます

イソギンチャクはグッドパートナー？

ヒメキンカライソギンチャク

ヤドカリスナギンチャク

カサネイソギンチャク

イソギンチャクの触手の毒は、海の中ではちょっと有名。だから、ヤドカリやカニのなかには、イソギンチャクをくっつけたがる種類がいる。

> 岩にたくさんくっついているぞ！

85

> 突然わが家に訪れた生きもの

クラゲ

黒いバックを貼ると幻想的！

DATA
カサの直径
10cmくらい

傘を
ふわふわして泳ぐ

ミズクラゲ

エサは？
「ブラインシュリンプ」という小さな生きもの。海水魚をあつかっているペットショップにはブラインシュリンプの卵が売られています。温めた海水で卵を孵化させて、スポイトでクラゲの傘の下に落としてやると、触手で集めるようにして食べます。

触手でエサの
ブラインシュリンプを
集める

水族館なんてあんまり興味ないとクールを装っていたけれど、娘に急かされ出かけた水族館で出会ってしまった……もう目が離せない。

たくさんのクラゲがただよい、ときおり自分の意思でふわふわっと傘を動かして泳ぐ。大きなクラゲがぼい〜んって、おもいっきりぶつかってもお互いに気にもしていなさそう。街で肩がぶつかったぐらいでいがみ合っているおっさんたちに見せてやりたいぜ。

あらら、足が絡んじゃってるやつもいて、なんか笑える。腕を絡め合っているカップルに「人前でいちゃつくな」なんて悪態をつかず、これからは腕が絡み合っちゃってるクラゲを思い浮かべよう。

あぁ、水槽をただようクラゲ、なんて癒やされるんだ。何時間でも見ていられる。あっちも見に行こう！ という娘の声に疲れたふりをして、クラゲの前から離れないでいたのだけど、非情にもそのときは訪れる。閉館を知らせるアナウンスだ。

しかたない、帰るとするか……帰る…かえる…飼える…。そうか家でクラゲを飼えば毎日癒やされるじゃないか！ クラゲって飼えるのかな？

飼いかた

弱いんだ、だから流れを作ってやる

すべてのクラゲは泳ぐ力が弱いので、水を動かしていないと沈んでしまいます。ポンプで水流を作りましょう。でもクラゲの傘に空気が入ってしまうと、そこから穴が開いてしまうので、空気が絡まないタイプのフィルターを回します。水面をかき混ぜるタイプのフィルターや、投げ込み式のフィルターなども使えません。もちろんエアレーションなんてしてはダメです。水温は室温で大丈夫ですが、水温が上がりすぎない場所に水槽をおきましょう。

背景を！
黒いバックを貼ると見やすい

How to keep

触手には毒があるから注意

外置きタイプで空気が入らないフィルター

別のクラゲも
これでバッチリ

タコクラゲ

ペットショップでも売っている、タコクラゲやカラージェリーは時期にもよるけど入手はできるでしょう。夏から秋口にはミズクラゲやアカクラゲなどを磯で探してみてもおもしろいですよ。

カラージェリー

カブトクラゲ

持ちかた

さかさにして持てば大丈夫！

クラゲは触手に毒があるので、さかさにして傘を持てば問題ありません。
※触手の長いタイプのクラゲでは、この持ちかたはムリです！

突然わが家に訪れた生きもの

ウミウシ

もはや芸術品！でもエサが難しい……

クラゲの魅力にやられてしまったおれ……。クラゲを見るため、また水族館に来てしまった。そのとき小さな水槽にウミウシ発見！ うぉ〜！ 魅力的だな〜。カラフルで、なんかふさふさしたものをつけている。それだけじゃない。ガラス面を登っている子に見とれていたら、水面までそのまま歩きだした。なんて見あきない生きものなんだ！

あまりに魅力的なので飼育員の方にちょっと聞いてみたら、海水魚の専門店では売っている場合もあるし、展示しているウミウシの中には春から夏に磯でふつうに採集できるものも多いらしい。夢が広がるぜ……。

DATA
体長　2〜10cmくらい
浅い海の海藻やヒドロ虫、カイメンなどがはえている岩の上

- 2次鰓の真ん中に肛門がある
- 触角はにおいを感じる器官
- どこが顔かわかる？
- 腹足でスーッとすべるように歩く

ウミウシ・コレクション

- ホソジマオトメウミウシ
- ニシキウミウシ
- ウミフクロウ

How to keep

外掛け式フィルター

海にあった岩を
海で採ってきた岩などを配置すると水質安定にいい

エサは？

難しいのはエサ……。種類によって食べるものも違い、入手が困難なのです。磯で一緒に採ってきた岩を入れておけば、付着している海綿やヒドロムシ、コケムシなどを食べるので、定期的に岩を入れ替えることができたら理想的ですが、もしエサがうまく入手できなくても、体が少し縮むことはあっても餓死したりはしないのですよ。エサをあげた場合も、あげない場合も、飼育下での寿命はあまり変わらないとも言われています。

飼いかた
不思議すぎるビジュアル！

水槽に人工海水を入れ、砂利を薄めにしたら、ろ過器を回し、水をならします。ショップで購入するときは、少し海水を多めに入れてもらって、作っておいた水槽の水にゆっくり混ぜながらウミウシを入れる。磯で採集した場合は、同じところの岩を少し持ってきて水槽に入れるとよい。これだけでも飼育は可能。

ヒカリウミウシ　　ネズミウミウシ　　ヤマトウミウシ

突然わが家に訪れた生きもの

カラッパ

よく見ると本当にかわいい！箱みたいだけど（笑）

DATA
甲の幅　5〜8㎝
水深10〜70メートルの砂底

何もいらないけど……
何も入れなくても飼えるが、砂利をしいて潜らせてもいい

ガラ〜ン……

メガネカラッパ

How to keep

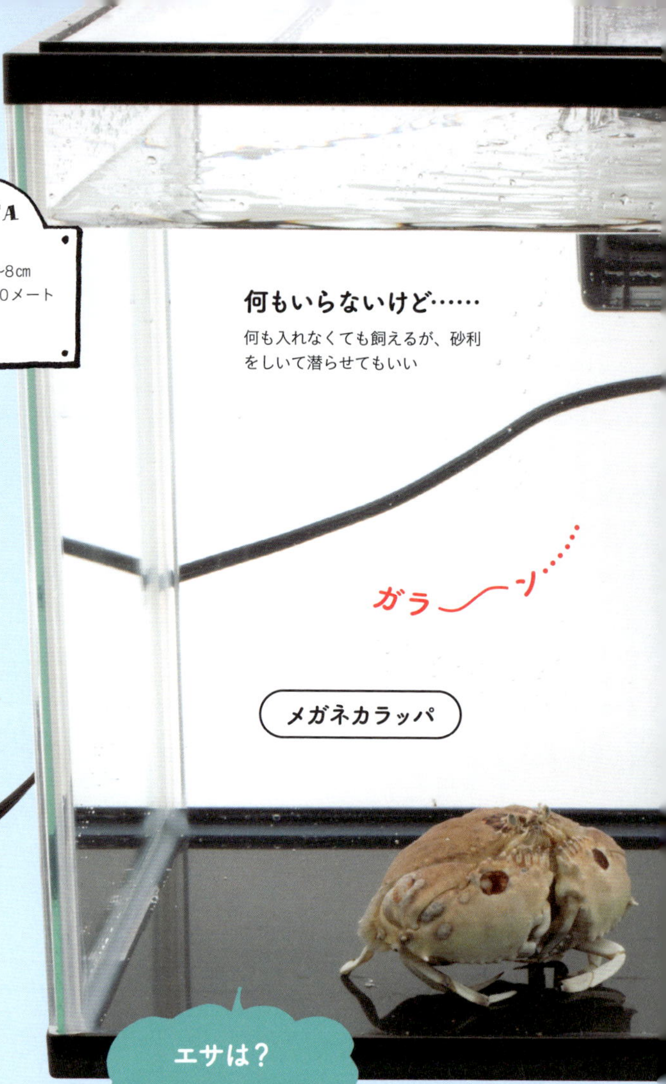

エサは？
アサリやキビナゴなど。

　や〜男のロマン。カニ、ですよ。でもタカアシガニとか深海のカニとかになると、飼育に現実味がない。かといって、サワガニとかイソガニとかではふつうすぎる。
　でも、そんなときに見つけてしまったんです、カラッパという名の、箱みたいなカニを……。

　出会いは2年前。衝撃的なそのカッコよさに一目ぼれをしてしまいました。
　それからというもの、カラッパのいる水族館を探しては見に行くように……。でもあるとき知ってしまったんです、ふつうに飼えるということを！

外掛け式フィルター

トラフカラッパ

飼いかた
砂をしくと、目だけ出してもぐるよ！

水陸両生のカニとは違い、完全水中ぐらしなので水深は深めで、ろ過器を回すだけで、飼育セット完了です。エサの残りなどを取り除きやすいように砂利をしかずに飼いますが、本来砂に潜るカニですから、深めに砂をしいて、もぐる姿を見るのもいいでしょう。体全部がもぐるくらい砂を入れると、目だけを出していて、かわいいですよ。

砂にもぐっても見やすい目

キャッ！はずかしい……

ハサミで顔をおおうとまるで箱みたい

タカアシガニの子ども	イガグリガニ
ヒラアシクモガニ	ケイカムリ

水族館で見かけた **ヘンなカニ**

ゼブラガニ

サガミモガニ

トゲミズヒキガニ	スベスベマンジュウガニ
	なんて名前だ！

コレクション

冷水系のはちょっと難しいけど、もしも飼う機会があったら飼いたい種類ばかりだぞ！

モクズショイ	アカマンジュウガニ
	 え！
ツノナガコブシガニ	キンチャクガニ
	顔!? 

95

突然わが家に訪れた生きもの

クリオネ

通販でポチッと買える！しかもカンタン飼育！

いや〜衝撃でしたよ！ 流氷の天使クリオネがふつうに売られていたなんて。めずらしい生きものでめったに見られないと思いこんで、あんなに長い時間水族館でながめていたのに……。

私、あまりにクリオネが好きすぎて〜。ある日ネットで検索してみたんです「クリオネ」って。そしたら、ちょーすごい数のキレイな画像があって〜。嬉しくなって、いろいろなページに飛んでクリオネの画像を見ていたの。も一満足ってぐらい画像を見たとき、ふと「クリオネ飼育」と入れてみたんです。そしたら飼いかたが出てるじゃないですか。

びっくりして、こんなもの飼ってる人がいるんだっ〜って。でもどうやって入手するの？ 採集に行くの？ 指は勝手に「クリオネ販売」と打ち込んでいました。

……安い！ これは何？ どういうことなの？？？？

プチパニックを起こした私は、気がついたときには3匹注文してしまっていました。夜中のネット通販は怖いですね。

さぁ、わが家にクリオネがやってくるんだ！ 嬉しい！

翼足で泳ぐ！

ここからバッカルコーンを出してエサを食べる

DATA
体長　1〜3cm
寒流域の表層200m前後にいる

ストックの海水も一緒に
水換え用の海水を一緒に冷やしておく

How to keep

飼いかた
なんてラクチンなんだ！
飼いかたは簡単。いたらビンに移して、そのまま冷蔵庫に入れて、ときどきながめるだけ。水温は2℃くらいがいいので、冷蔵庫は強にして、水換え用の海水もペットボトルに入れて一緒に冷蔵庫に。エアレーションの必要もなく、気が向いたときに水を換えるだけ。

お気に入りの見やすいビンで飼う

エサは？
ミジンウキマイマイという貝。だけどなかなか手に入らずクリオネよりも高価なので、水族館でもエサはほとんどあげません。エサをあげなくても死ぬことはなく、体が少し小さくなるだけなんです。

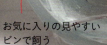

オオコシオリエビ

クリオネの飼いかたを応用すれば、冷水系の生きものを飼うことができます。
ここで登場しているのは食用としても流通するオオコシオリエビというヤドカリの仲間。クリオネにくらべればエサも食べるし、よく動くので、しっかりエアレーションをして水換えは頻繁に。大きなビンにして投げ込み式のフィルターを入れてもいいですね。エアーポンプを外に出してしまうと温かいエアーを送ってしまうので、エアーポンプも冷蔵庫の中に入れるようにセットするのがコツです。

エサは？
オキアミやアサリのむき身で食べ残しはすぐに取り除く。

総合ペットショップオーナー
後藤 はこう飼う！

友達からの
おすそわけ
編

Profile
後藤貴浩

岩手県花巻市出身。ホームセンター内の総合ペットショップを経営するかたわら日々田んぼを徘徊している。ペットから野生生物まで、なんでもおまかせ！

　ホームセンターのペットコーナーは
まるで子ども相談室のようなものです。
金魚の飼いかたからヤギやブタの飼いかた、
外でつかまえたムシから不思議なカギムシまで、
毎日ありとあらゆる生きものの
飼いかたについて質問を受けるんです。
私もありとあらゆる生きものを飼育し、
今は総合ペットコーナーを背負っているわけですから、
どんな質問をされても、今までの
飼育経験から導き出したデータと
その応用で、なんとかお答えできるはずですよ。
縁日ですくってしまったあいつ、
子どもが外でつかまえた生きものを飼いたいと言ったとき、
テレビで見たあの生きものを飼いたいと思ったとき、
友達が家でふえた生きものを飼わないかと言ってくれたとき。
どんな生きものでも簡単にあきらめず、
まずは私に相談してください。
もっとも設備投資が安く、
生きものにとって安心な飼いかたを提案しますよ。

友達からの
おすそわけ

ハムスター

まるでぬいぐるみ！

なんだか学校から帰ってきた子どもの元気がない。いやなことでもあったのかな？ 少し心配になって話を聞くと、お友達のうちでハムスターの子どもが生まれたのだそうだ。今日それを仲良し4人組で見に行ったのだが、みんなで1匹づつ飼わないか、という話になった。

娘は生きものがどちらかというと苦手だけど、飼ってみたいらしい。なんだそんなことか……心配しちゃったじゃない。飼っていいよ。

いやいや。こんなに理解ある親ばかりではない。親が飼育を反対するほうが多いはずだ。念のため、ここでは親の説得方法について考えてみよう。まずは絶対に言っちゃいけないこと。
「一生のお願い」
「みんなも飼うって言ってるし」
「絶対1人で面倒みるから」
「勉強も習いごともがんばるから」
「テストでいい点とったら飼っていい？」
そう！ 人を引き合いに出したり、できない約束を並べ立てることはやめよう。下手な小細工はせずに、ハムスターを飼いたいという気持ちをまっすぐに伝えるんだ。

ハムスターとはどういう生きものか。寿命はどれくらいか。エサ

DATA
体長　15cmくらい
ちょっと大きめのゴールデンハムスターと小さめのジャンガリアンハムスターがいます

お母さん
そっくり

ここを
トイレに
するかな？

エサは？
ヒマワリの種などを想像しますが、総合栄養食であるペレットなどがよい。

かわいい顔！

は何で、飼育を始めるにはいくらぐらいかかるか。そして自分が修学旅行などでいない日にはエサをあげてほしい、などといった、親の負担についてもきちんと伝える必要がある。飼育のメリットとデメリットをきちんとプレゼンするのだ。

子どもが真剣に伝えればダメという親はいないと信じている！

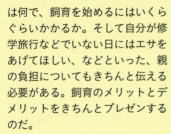

ウォーターボトル
きちんと水が出ているかチェックが必要！

How to keep

まわし車
けっこうウルサイので
しずかなものを

隠れ家

暑いのいや〜ん

寒さにも弱いですが、
暑さにはもっと弱いです

飼いかた

飼育セットは使えるぞ！

飼育にはプラケースやガラス水槽も使えますが、はじめて飼育する人にはハムスター飼育用セットとして売られているものを使うのがいいでしょう。必要な道具がそろっていて安価だからです。説明のとおりに組み立て、水入れやエサ入れ、まわし車、隠れ家をセットし、ハムスターの床材として売られている木くずなどをしきつめるだけ。これで買い始めとしては完璧ですが、ハムスターが大きくなったら、徐々に大きさに見合ったものに換える必要もあるかもしれません。

おき場所はリビングがいいでしょう。家族みんなの目も行き届き、冬は暖かく夏は涼しいからです。

冬はこれだけでは寒いので下にしくタイプのパネルヒーターを用意します。季節や飼育環境でさまざまな場面に対応する必要もあるでしょうから、疑問があったら、すぐに飼育セットを購入したペットショップで相談しましょう。

モルモット

友達からのおすそわけ

ハムスターだけじゃない。モルモットも飼育下で繁殖が容易なので、同じようなことが起こりうる。モルモットの飼いかたを知っておいても損はないでしょ？

エサは？
モルモットには専用フードを。ビタミンが不足すると体調に影響あります。

エサの容器
ひっくり返されないよう重いものを

ウッドチップ
牧草を入れておく

深さは30cm！
30cmあれば逃げられない

飼いかた

ほら、衣装ケースあまってたよね！

モルモットは深さが30cmあれば逃げ出せないので、高価な飼育ケージがなくても、衣装ケースなどで飼うことができます。衣装ケースにウサギのトイレなどにも使うウッドチップをしきつめ、水入れとエサ入れをおきます。その反対側、ケースの1/3くらいのスペースに牧草をしきます。フタは必要ありませんが、夜や留守をするときなど心配な場合は、付属のフタにドリルで穴をたくさん開けたものや、バーベキュー用の網などを使って工夫しましょう。
おしっこやウンチをしたら、そこの部分のウッドチップをキレイに取り除きます。

How to keep

深さ30cmあれば衣装ケースで飼える！

DATA
体長　30cmくらい
もともとは南米の家畜でした

英名は「ギニアピッグ」、ギニアのブタ！

鳴き声でよぶ。十数種の言葉をもっている

友達からの
おすそわけ

デグー

歯が白いと病気？
黄色いと健康

最近、人気急上昇のデグーは10年以上前からペットとしてふつうに流通していましたが、見た目が地味だからでしょうか、それほど人気はなかったのですが、最近ではペットショップやホームセンターのペットコーナーでも出会えるほど、一般的になりました。おとなしくて人懐っこい性格、繁殖も容易などといったいい面が浸透したからでしょうね。でもやはり見た目が地味。家族も「なんでこれが飼いたいの？」と理解してはくれないでしょう。

デグーを飼いたいと思い、家族を説得するなら、その性格のかわいらしさに訴えかけるのが近道ですよ。まず持たせてしまいましょう。ペットショップの人とよく相談して、協力してもらうのです。とびっきり人懐っこい子を出してもらいましょう。

How to keep

デグーは鳴き声で多少のコミュニケーションとれます

見た目、地味でも派手に動くよ
山地の岩場にすむので立体運動が得意です

歯に注目！
健康だと歯が黄色い。白いと病気かも？

高さのあるゲージを
背の高い丈夫なもの

エサは？
デグー専用フード（もし手に入らないときはモルモット用でも代用できます）。牧草です。

飼いかた

地味じゃないよ、人気だよ！

デグーにもっとも適しているのは、背の高いチンチラ用の飼育ケージです。ウサギ用の飼育ケージでは、すきまから逃げ出す可能性がありますし、立体的によく動くデグーには、鳥やハムスター用では小さすぎます。最低限必要なものはエサ入れと水飲み、立体的に動ける足場です。

これだけあれば飼い始められますが、飼育環境に慣れたら、さらにまわし車や巣箱などを入れるといいでしょう。入口の扉は開けてしまうことがあるのでナスカンなどで止めます。
体臭はほとんどありませんが、糞尿はそれなりににおうので、ケージ下の新聞紙は毎日とりかえましょう。

DATA
体長 20cmくらい
チリの山岳地帯

友達からのおすそわけ

ハリネズミ

ハリを出さないときはただのネズミ……

ある日ペットショップに勤める友人と一緒に虫とりに行ったんです。お店に長靴を忘れたとかで、一度お店に寄って、それから数時間かけて山に入り車を止め、長靴をはいて山に入ろうとしたとき。友人のなんとも情けない悲鳴が！
「どうした？」と助手席側に回ると「長靴に何かいて、足を刺された！」と。
　それはまずい。病院に行ったほうがいいかな？　いや病院へ行くにしても、まずは刺した何かを確かめなくてはいけない。「自分で救急車呼べるな。おれは正体を確認してくるから」
　こわごわ長靴をのぞく……。
　まて！　救急車は呼ぶな。だって長靴の中にいるのハリネズミだぜ……。ちゃんと足見ろよ。はれたりしてないだろ。もー、てっきりお店からやばいもの連れてきちゃったと思ったじゃないか。でもお前の店にやばいものなんていないもんな。
　いや、それにしてもさ、このハリネズミかわいいね。おれ、連れて帰っていい？

> 丸まって体を守るよ！

> かわいい顔してるけど……トゲトゲはけっこう痛い！

DATA
体長　25cmくらい
穴をほってくらす

> 友達からの
> おすそわけ

金魚

金魚すくいの金魚をすくえ！

縁日での醍醐味は買い食いと金魚すくい。いや〜、やめられないのですよ、金魚すくいが。決して上手いわけではないのです。とれても2〜3匹かな。もちろんもなかのやつじゃないですよ。あれはダメ。やはり昔ながらの紙のやつが一番です。それに地域の小さなお祭りの金魚すくいもダメ。紙がしっかりしてて、とれすぎちゃうのがあるんですよ。やっぱりテキヤの金魚すくいに勝るものはないですね。あの「どうだこれでとれるか？」っていうギリギリの弱さ。も〜想像しただけで右手が動いちゃう。金魚すくい中毒といっても過言ではないね。まあ、とれても上手く飼えるわけじゃないから、近くの子どもにあげちゃうんだけどね（笑）。

金魚すくいをやってみた……。紙が弱すぎたから1匹もとれなかったけど、3回もやったから3匹くれた。「学校でやってた地域のお祭りではいっぱいとれたのに〜」と悔しがっていると、さっき隣ですくっていたおじさんが「これやるよ」って追いかけてきて3匹の金魚をくれた。「おじさんも3回やったの？」「違うよ、3匹すくったの」「そっかおじさんすごいね。ありがとう！」

> DATA
> **体長** 5〜15cm
> もともとはフナを品種改良したものとも言われる

エサは？
毎日、市販の金魚のエサを数分で食べきれる量入れます。

How to keep

フィルター
水をきれいにするとともに酸素を供給する働きもあります

砂利を入れるとバクテリアが定着しやすいです

エサにもなる
水草はエサにもなります

飼いかた

キミも金魚をすくえるぞ！

金魚すくいの金魚は弱いというのが常識ですよね。そりゃそうですよ。まだ小さいのに、あの劣悪な環境でみんなに追いかけ回されて、体表の粘膜ははがれて傷だらけですから……。
でも飼育を始める前にひと工夫するだけで、多くの金魚を文字どおりすくうことができるのです。金魚すくいの金魚をすくうためには、まずバケツに水を張り、カルキ抜きを入れ、塩素を中和します。そこにひと握りの塩を入れ、エアレーションします（1）。
しばらく金魚をビニールごとバケツに浮かべ水温を合わせて塩が溶けたら（2）、少しずつ水合わせをし金魚をバケツに入れます（3）。
そのまま一昼夜……。

その間に飼育用の水槽もセットします。水槽は市販の金魚飼育セットがもっとも適しているでしょう。水槽にフィルターをセットし、砂利をしいて水を張ったら、カルキ抜きを入れてから水草を植えます。水草は金魚のエサにも隠れ家にもなるので、初めのうちだけでも入れてあげると金魚がおちつきます。
そして翌日、もう一度金魚すくいのときのビニールごと金魚を入れて、飼育水槽に浮かべ、水温合わせし、少しずつ水を混ぜるようにして金魚を水槽に放します。
エサが残らないようにあげていれば、水換えは月に1度くらいで大丈夫です。ときどき、ろ過槽も掃除しましょう。

アメリカザリガニ

だれもが飼ったことのある子どものアイドル

友達からのおすそわけ

DATA
体長 7〜10cm
流れのゆるい河川や田んぼ

子どものアイドル「まっかちん」。生きものなんて飼ったことあったかな？ という人でも、このまっかちんだけは1度くらい飼ったことがあるんじゃないかな。

それぐらい幼少期から慣れ親しんだこの生きものが、まさか外来種として、こんなに悪者あつかいをされる日が来るなんて、夢にも思わず、無邪気に少しでも大きなまっかちんを求めて、田んぼや沼地を駆け回っていた頃を思い出します。

今までとくに生きものをいろいろ飼ってきたわけじゃないし、今となってはまったく生きものを飼うことに興味はないんですよ。それに、あれからだいぶ大人になったつもりなんですけど。たまたま寄ったペットショップで大きなまっかちんを見ると、あやうく買いそうになります。

そういえばうちの子って生きものを飼いたいとか言わないけど大丈夫かな？ ちょっと、このまっかちん買って帰って、一緒に飼ってみるか〜。

エサは？

市販のザリガニのエサ、魚の切り身や金魚のエサ、ジャガイモなど、いろいろなものを食べます。エサはすぐ食べきれる量を与え、食べ残しがあったらすぐに取り除きます。

飼いかた

たくさん入れると、すぐケンカする

大きめのプラケースにザリガニが歩きやすいように砂利をしき、投げ込み式フィルターとシェルターをセット。水は魚と同様に、カルキ抜きしたものを使います。複数入れるとすぐにケンカをするので、入れすぎないようにしましょう。
魚の切り身などは水を汚すので水換えはマメに行います。状況によって違いますが、フィルターを回していても、10日に1回くらいをめどに考えましょう。

投げ込み式フィルター　シェルター

How to keep

落ち葉を散らすと
いい感じ！

How to keep

友達からの
おすそわけ

サワガニ

少年の頃を思い出す生きものさ

飼いかた

ノスタルジックさ、ナンバーワン！

プラケースに砂利をしき、投げ込み式フィルターをおいたら、フィルターを取り囲むように岩を組んで、隠れ家と陸地を作ります。大きい岩の上に小さい岩をしっかり組んで崩れないように気をつけましょう。落ち葉などを散らしても雰囲気が出ていいですね。水換えはマメに行い、水がにおうようなら、フィルターも砂利も洗います。洗うのは水道水でかまいませんが、飼育水はカルキ抜きしたものを使います。

エサは？

雑食性なのでエサは市販のカニやザリガニのエサを中心に、金魚のエサ、魚の切り身やキャベツも食べます。いろいろ与えてみて好き嫌いを試してみるのも楽しいですよ。

料

亭での会席料理で、お皿の隅にポツンとたたずむサワガニの唐揚げが目に止まった。なんだろうこの不思議な感覚は？帰りの車でも、あのサワガニが頭から離れない。そういや、サワガニなんて何年見てないんだろうな。料亭でサワガニを食べるなんて、おれもえらくなっちまったもんだ。子どもの頃は悪友たちと坊主頭を並べて、すぐ裏の沢でサワガニをつかまえて遊んでたのに。

あの頃よく一緒にサワガニ採りに行った連中は、今どうしているんだろう？ この40年、故郷なんて思い出すこともせず、ただだ企業戦士として耳から血が出るような思いで駆け抜けてきた。そんなつまらない人生。自分に故郷があることさえ忘れていたよ。郷愁……。

なあ運転手さん、ちょっと駅に向かってくれるかな。まだ新幹線に間に合うだろうか……。

青いサワガニも
いるよ！

DATA

体長 3cmくらい
きれいな水辺の石の下

クサガメ

友達からのおすそわけ

動きはのろいが、頭はいいぞ！

ぼくがはじめて飼った生きものはクサガメ。近所の池でカメを見たけどつかまえられなかったって話をしたら、お父さんが買ってくれたんだ。勝手口にずっと放置されていた、漬物用の大きなタライに2匹のクサガメ。陸地も漬物石。玄関で飼っていて、晴れた日には外に出して日光浴をさせたりして、かわいがっていた。

でも、それからしばらくして、遊びのほうが大事になって、だんだん面倒をみなくなってきて、水がくさいと何度も怒られた。それでもサボっていたら、とうとう怒ったお父さんがカメを川に放すと言い出した。

それでもやはり、ぼくはサボり続けて、とうとう本当に逃がすことが決定。あんなにかわいがっていたのに、ぼくはなんてことをしてしまったんだ。「死なせてしまう前に逃がしたほうがいい」という父の説得に応じて、泣く泣く小川に逃がしに行くことになった、その日のことは今でもはっきりと思い出せる。どうしても手放したくない。胸がしめつけられるような思い。サボってしまったことへの深い反省の気持ち……。

そして車にのせる前に甲羅をきれいに拭いて、当時流行っていた銀の油性ペンでおなかに住所と名前を書いたっけ……。

DATA
体長　15cmくらい
池や川、実は移入種だったりして

ひっくり返ったときや水中で呼吸するときなどに役立つ長〜い首

持ちかた
持つときは、ツメの届きにくい甲羅の横をしっかりおさえろ！

ツメがしっかりしているので引っかかれるとけっこう痛い！

紫外線を出す
ライトもあります

エサは？
市販のカメのエサを中心に
エビを乾燥させたエサや、
魚の切り身などを与えます。

How to keep

流木
のぼりやすいものを

飼いかた

南におくなら日陰をつくる

タライに水をはり、ブロックなど陸地兼隠れ家になるものを入れます。朝日が当たる北東におくといいですが、1日中日が当たるような南向きの場所におく場合は板などをおき、日陰を作ります。深さがあれば逃げ出すことはありませんが、猫などにいたずらされないように、夜はバーベキュー網などを使ってフタをしましょう。
水換えは1日くみおいた水がベストですが、水道水をそのまま使用しても問題ありません。水温だけ気をつけましょう。フィルターを使用しても、すぐに水が汚れるので設置せず、マメに水換えをしましょう。冬は寒いので室内で飼育します。流木などで陸地を作り、1日数時間スポットライトで温めましょう。
底砂利はしいてもしかなくてもいいですが、冬場はエサも少なく汚れもそれほどでないので、歩きやすいように砂利をしくことをおすすめします。

脱走に注意！
カメはのろいが
かしこいです！

北東の場合、このままでも平気　　　　南向きの場合、板などで日陰をつくる

友達からの
おすそわけ

クワガタ・カブトムシ

永遠の男子のあこがれ！

仲良し家族たちで、今日から2泊3日のキャンプ！ 毎年お父さんが連れてきてくれるこのキャンプ場は、山の中で、人も少なくて、トイレも遠くて、ちょっと怖い……。

でもね、ぼくがこのキャンプ場にくるのをいやがらないのは、クワガタやカブトムシがとれるから！

うちのお父さんは虫とりよりも得意のアウトドア料理に夢中だけど、料理を担当しないお父さんたちが子どもたちを虫とりに連れて行ってくれるんだ。

まずはうちのお父さんが料理をしている真っ最中、日が落ちてすぐの頃。でも、この時間はあまりとれない。まあ、様子見ってところかな。

それからご飯を食べて、みんなでお風呂に入って、たき火して〜。寝る前にもう1度連れて行ってくれる！ この頃になると街灯に集まっていたりして楽しい。テントに帰ってきたら、ランタンにクワガタが来ていることもあるよ。

でもね、一番楽しいのは明け方。まだ真っ暗なうちに森に入って、少しするとチラチラと明るくなりはじめるんだ。この時間にもとれるけど、それよりも日が昇るときに外にいるってのが最高なのさ！

大アゴにはさまれないように注意！

DATA
体長 5〜7cmくらい
里山の広葉樹

🚩 飼いかた

その土の中に卵があるかも！

プラケースに昆虫マットを5cmくらいの深さにしき、止まり木を配置する。クワガタには湿らせた、くち木も入れておこう。

成虫は夏の終わりに死んでしまうけど、オスとメスを一緒に飼っていたなら、きっと卵を産んでいる。プラケースの中の土や木を捨てないで探してみよう。

カブトムシはそのまま土をプラケースいっぱいに入れておけば、幼虫は育ちます。クワガタの場合は幼虫が少し大きくなったら菌糸瓶という育成用の瓶に入れよう。

How to keep

朽ち木は産卵床にもなります

ゼリーホルダー
ゼリーホルダーをつかうとよごれません

コバエに注意
針葉樹のフレークはコバエよけにもなります

カブトムシの武器はこの大きなツノ

ペーパー
専用シート等はさむとコバエの侵入を防ぎます

転倒防止にくち木や枝など

エサは？
昆虫ゼリーをゼリーセット用の台にセットする。ゼリーはつねに欠かさないようにしよう。甘い香りにコバエが発生しやすいので、フタの下にコバエよけのペーパーをセットしておこう。

セキセイインコ

友達からのおすそわけ

挿しエサが終わってからが安心！

DATA
体長　20cmくらい
オーストラリア原産

いろいろな色の子がいるよ！

エサは？
さまざまな穀物がミックスされた「インコのエサ」だけでなくペレット類も最近はあります

兄ちゃんの友達のうちで、セキセイインコがふえたらしい。「お前の弟、生きもの好きだったよな。ほしいならあげるよ」って言われたんだけど、お前ほしい？ と兄。うん！ ほしいほしい！ でもさ父さん許してくれるかな？ たくさんの生きものを飼っていて、両親からはそうとうあきれられているし、勉強もしないし、危険な沼地にだまって遊びに行っちゃうし、生きものの世話もサボるし、トンボをヒモでくくって飛ばしてるの見つかったばっかりだし、こづかい全部でガチャガチャやっちゃうし、自転車改造して壊すし、この前なんて、だまってヘビを飼ってるのばれたばっかりなんだぜ。

兄ちゃんそれでも一緒にたのんでくれる？

いやいや無理だろ……。

飼いかた

たまごっちとは違うレベル

はじめてインコを飼うならば……。できるだけ挿しエサ（スポイトなどでエサをやること）の時期を過ぎてからもらいましょう。挿しエサは生後50日くらいまで必要です。1日に5回ほど必要なので、学生には不可能です。母親が専業主婦で、面倒をみてくれるというのであれば、早めにもらってもいいでしょうが、「たまごっち面倒みておいて」とはレベルの違う大変さなので、よく相談してからにしましょう。

1人エサになってから飼いはじめるなら、まずは鳥カゴを用意します。最初は小さくて安価なもので大丈夫です。

はじめのうちは下の網を外して新聞紙をしいておきます。とまり木にとまるのが日常になったら、普通にカゴの説明書どおりに組みます。

エサと水を入れ、塩土やカルシウムを配置。エサと水はつねに切らさないようにし、鳥はカゴの入口を自分で開けて脱走することが多いので、カゴの扉にはクリップなどをつけておこう。

くちばしののびすぎ防止。
イカの甲羅です

脱走防止にクリップなど

ミネラル補給に塩土

ウズラの卵

友達からのおすそわけ

スーパーで買った卵を孵化させよう

同じ親からは同じような模様の卵が生まれるとか？

パックで売っているウズラの卵

ふつうにスーパーで売ってるウズラの卵って、受精卵が混ざってるの知ってる？ それを手作りの孵卵器で温めて、孵化させるのが流行ってるんだよ。一緒にやってみない？」と友人。

え？ そんなの聞いたこともないよ。うそだろ？ と思ったぼくは、生きもの好きの友人にちょこっと聞いてみた。

そしたら、「あ〜、ウズラの卵ね。あれ、孵ってすぐにぴょんぴょん歩き出して、ホント、かわいいん だよね。でも手作りだと転卵や湿度の管理が難しいから、孵化率悪いよ。スーパーのウズラの卵は一度冷えちゃってるから、運よく受精卵が入ってても、ちゃんと管理できないと難しいんじゃないかな？ 手作りするより、うちの孵卵器、自動転卵タイプだから貸そうか？」

と、あっさりいい孵卵器を持ってる人間に、一発でたどりつく。こりゃ、本当に流行ってるみたいだな……。

専用の孵卵器　　加湿器

2匹孵化した！

飼いかた

17日でヒナに会える!?

孵卵器各部品をセットし、水タンクに水を入れて電源をオン。そしてスーパーで売っているウズラの卵を並べていくだけ。
10個パックの中に1個くらい受精卵が交じっていることがある程度なので、すべて孵らないこともある。
孵化までの日数は37度で17日ほど。毎日温度と湿度をチェックし、加湿用の水を切らさないようにします。あとはオート……。
発泡スチロールや段ボール、電気アンカや保温球で手作りした場合は、3〜5時間に1回は転卵する必要があります。よく通る場所におき、通るたびに、転卵するように心がけます。

赤ちゃんってかわいい……よね？

すぐに立ち上がる

ウズラのヒナ

すぐにグングン大きく育つ

How to keep

保温球
35〜40℃で保温必要です。

飼育用ケース
プラケースか衣装ケースに

キッチンペーパー
をしく

エサは？
ウズラのエサはつねに欠かさないように。自分で食べたいときに食べる。

水入れ
入って、おぼれたりしまわないようなものを

平べったい皿
高さの低い、ひっくり返されないエサ入れ

DATA
体長 20㎝くらい
実は飛びます。渡り鳥です

超かわいい！

よく人になつきます

手のりウズラに仕上げることもできます！

フンをそうじしないと足に玉になる

飼いかた

ペットボトルのキャップで水入れ

ヒナは羽が乾くまで孵卵器に入れておき、飼育用のケースに移動する。プラケースまたは衣装ケースにキッチンペーパーをしいたものに保温球をセットし、エサ入れと水入れを配置する。エサ入れは浅いものにして、水入れは体が入ってしまうと体温が下がるので、なるべく小さなものにする。ペットボトルのキャップなどでいいのですが、すぐひっくり返して床が冷えてしまうので、3つをボンドでくっつけるなどして、ひっくり返らないように工夫する。フンなどで汚れたら、すぐに掃除しよう。

おわりに

「生きものを飼う」というのは、そう簡単なことではない。
　ある程度の知識も、家族の許しも、死と対峙する覚悟も……。さまざまな条件が必要になってくる。

　でも子どもの頃からそうだったかな？
　もっと自由に、出会った生きものを捕まえては連れて帰り、試行錯誤しながら飼育したりしなかったかな？

　大人になれば、生きものから少し離れてしまうのは当然かもしれないけど、今は身近に自然が減ったせいか、子どもも昔ほど無鉄砲じゃなくて、生きものを飼おうなんて子はめっきり減ったように思う。

　でも……。自然での偶然の出会いや、ペットショップや水族館

　でみた憧れの生きものなど、出会ってしまった目の前の生きものを飼育したいと思う気持ちは、誰でも持っているんじゃないかなぁ、と私は信じたい。

　生きものを飼うには、いい出会いや情報集め、設備投資など確かにいろいろな条件が必要になる。だけど、自分でその生きものを生かすために五感のすべてを使って、全力で飼育するのって、心の成長にも、状況判断する力にも、命の尊さを知ることにもつながると思うんだ。そして、私は多くのお父さんやお母さんが、それを後押しできる親であってほしいな〜と思ったりもする。
　この本が、そのきっかけになってくれたら嬉しいのです。

　　　　　　　　　　　　生きものカメラマン　松橋利光

その道のプロたちのお店

山田さんのお店

TOKO CAMPUR（トコチャンプル）

〒243-0014　神奈川県厚木市旭町1-20-13アオキコーポ1F
TEL & FAX　046-227-2233
営業時間　12:00〜22:00
定休日　火曜日
ホームページ　http://www.asiajp.net

後藤さんのお店

蛙葉堂（けいようどう）

〒252-0104　神奈川県相模原市緑区向原3-9-7
TEL　042-783-1081
カインズホーム城山店　ペッツワン　アクア小動物コーナーはじめ
ホームセンターのペットコーナーなど多数のお店を運営
ホームページ　http://ameblo.jp/ keiyoudou/

撮影協力

鳥羽水族館
　飼育担当　高村直人　森滝丈也　辻 晴仁
　広報　　　杉本 幹　斎藤敬介

制作協力＆イラスト

　神田めぐみ

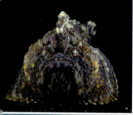

鳥羽水族館

〒517-8517　三重県鳥羽市鳥羽3-3-6
TEL　0599-25-2555（代表）
http://www.aquarium.co.jp

企画広報室の杉本です。いろいろな生きものに会える鳥羽水族館にぜひ遊びにきてください！

Plofile

松橋利光 ●まつはし・としみつ

　水族館勤務ののち、生きものカメラマンに転身。水辺の生きものなど、野生生物や水族館、動物園の生きもの、変わったペット動物などを撮影し、おもに児童書を作っている。

　子どもの頃からさまざまな生きものを飼育してきた経験をもとに、今の子育て世代に生きものを飼うということの大切さを提案し続けている。

　おもな著書に、『日本のカエル』『日本のカメ・トカゲ・ヘビ』(山と渓谷社)、『てのひらかいじゅう』(そうえん社)、『嫌われ者たちのララバイ　カエル』『嫌われ者たちのララバイ　ヘビ、トカゲ、ヤモリ』(グラフィック社)、『生きもの　つかまえたらどうする?』(偕成社)、『どこにいるかな?』『へんないきものすいぞくかん　ナゾの1日』『いばりんぼうのカエルくんとこわがりのガマくん』(アリス館)、『世界の美しき鳥の羽根』(誠文堂新光社)、『飼育員さんに聞こう!どうぶつのひみつ』『里のいごこち』(新日本出版社)、『その道のプロに聞く　生きものの持ちかた』(大和書房)など多数。

ホームページ　http://www.matsu8.com
ブログ　http://matsu8.blog97.fc2.com

> その道の
> プロに聞く

生きもの の 飼いかた

2016年8月1日　第1刷発行
2023年6月25日　第6刷発行

著者 ——————— 松橋利光

発行者 ——————— 佐藤 靖
発行所 ——————— 大和書房
　　　　　　　　　東京都文京区関口1-33-4
　　　　　　　　　電話03 (3203) 4511

ブックデザイン ——— 若井夏澄 (tri)
編集 ——————— 藤沢陽子 (大和書房)
撮影 ——————— 松橋利光

印刷 ——————— 歩プロセス
製本 ——————— ナショナル製本

©2016 Toshimitsu Matsuhashi　Printed in Japan
ISBN978-4-479-39292-7
乱丁本・落丁本はお取り替えいたします
http://www.daiwashobo.co.jp

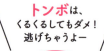

正しい持ちかたがある──

イヌやネコはもちろん、カエル、トカゲ、タランチュラ、カブトムシ、バッタ、スッポン、そしてゴキ○リや毒ヘビまで、動物病院獣医、ペットショップオーナー、生きものカメラマンなど、その道のプロが「**生きものの正しい持ちかた**」を伝授。

大和書房　定価（本体1500円＋税）